Ben Stacy Jerrik (Hrsg.)

Ariane 4

Ben Stacy Jerrik (Hrsg.)

Ariane 4

Trägerrakete, Ariane, Europäische Weltraumorganisation, Nutzlast, Geostationäre Transferbahn

Part Press

Imprint

Permission is granted to copy, distribute and/or modify this document under the terms of the GNU Free Documentation License, Version 1.2 or any later version published by the Free Software Foundation; with no Invariant Sections, with the Front-Cover Texts, and with the Back- Cover Texts. A copy of the license is included in the section entitled "GNU Free Documentation License".

All parts of this book are extracted from Wikipedia, the free encyclopedia (www.wikipedia.org).

You can get detailed informations about the authors of this collection of articles at the end of this book. The editors (Ed.) of this book are no authors. They have not modified or extended the original texts.

Pictures published in this book can be under different licences than the GNU Free Documentation License. You can get detailed informations about the authors and licences of pictures at the end of this book.

The content of this book was generated collaboratively by volunteers. Please be advised that nothing found here has necessarily been reviewed by people with the expertise required to provide you with complete, accurate or reliable information. Some information in this book maybe misleading or wrong. The Publisher does not guarantee the validity of the information found here. If you need specific advice (f.e. in fields of medical, legal, financial, or risk management questions) please contact a professional who is licensed or knowledgeable in that area.

Any brand names and product names mentioned in this book are subject to trademark, brand or patent protection and are trademarks or registered trademarks of their respective holders. The use of brand names, product names, common names, trade names, product descriptions etc. even without a particular marking in this works is in no way to be construed to mean that such names may be regarded as unrestricted in respect of trademark and brand protection legislation and could thus be used by anyone.

Cover image: www.ingimage.com
Concerning the licence of the cover image please contact ingimage.

Publisher:
Part Press is a trademark of
International Book Market Service Ltd., 17 Rue Meldrum, Beau Bassin, 1713-01 Mauritius
Email: info@bookmarketservice.com
Website: www.bookmarketservice.com

Published in 2013

Printed in: U.S.A., U.K., Germany. This book was not produced in Mauritius.

ISBN: 978-613-9-31447-8

Contents

Articles

References

Ariane_1

Die **Ariane 1** ist das erste Modell aus der Serie der Ariane-Raketen. Sie ging aus der Europa 3 des gescheiterten Europa-Projekts hervor. Die Entwicklungskosten für die Ariane 1 betrugen 1,7 Mrd. DM (ca. 860 Mio. €).

Modell einer *Ariane 1* im *Musée de l'Air et de l'Espace*

Technik

Bei einem Startgewicht von bis zu 210 t hatte die Ariane 1 eine Höhe von 47,4 m und einen Durchmesser von 3,8 m. Nach den Planungen sollte sie eine Nutzlastkapazität von max. 1,7 t in den GTO erreichen. Jedoch stellte sich heraus, dass der Spezifische Impuls des HM-7-Triebwerkes der dritten Stufe höher war als berechnet, wodurch die tatsächliche Nutzlastkapazität max. 1,85 t in den GTO betrug.[1] Dabei konnte die Ariane 1 einen großen oder zwei kleinere Satelliten transportieren.

Die Ariane 1 hat drei Stufen:

- Die erste Stufe war mit vier Viking-Triebwerken der Société européenne de propulsion bestückt.
- Die zweite Stufe mit einem Viking-Triebwerk. Die Viking-Triebwerke der Ariane 1 verbrauchten die hypergole Treibstoffkombination Stickstofftetroxid/UDMH
- Die dritte Stufe hatte ein mit der Kombination Wasserstoff/Sauerstoff betriebenes HM-7 Triebwerk mit einem Schub von sieben Tonnen.

Die beiden nachfolgenden Modelle Ariane 3 und Ariane 2 waren nur gering modifizierte Varianten der Ariane 1. Und auch noch die Ariane 4 baute weitgehend auf der Ariane 1 auf. Erst die Ariane 5 stellte eine echte Neuentwicklung dar.

Die insgesamt geringe Anzahl von Starts und die wenigen Starts ab 1985 sind durch das Aufkommen der wesentlich stärkeren Ariane 3 im Jahr 1984 und der etwas stärkeren Ariane 2 im Jahr 1986 bedingt.

Startliste

Dies ist eine vollständige Liste aller Starts.[2] [3] . Alle erfolgten vom Startplatz ELA-1 des europäischen Weltraumbahnhofs Kourou in Französisch-Guyana. Für die Ariane 1 wurde die Startrampe der Europa 2 Rakete umgebaut. Sie wurde auch für den Start der Ariane 2+3 eingesetzt.

Lauf. Nr.	Datum u. Uhrzeit UTC	Ser.-Nr.	Nutzlast²	Gewicht der Nutzlast	Orbit¹	Anmerkungen
1	24. Dezember 1979 17:14	L1	CAT (Technologiekapsel)	unbek.	GTO	Erfolg Anmerk.: dritte Stufe schaltet zu früh ab. Umlaufbahn trotzdem höher als geplant, weil die 3. Stufe leistungsfähiger war als berechnet.
2	23. Mai 1980 14:29	L2	FIREWHEEL, CAT, AMSAT P3A (Forschungssatellit, Technologiekapsel, Amateurfunksatellit)	unbek.	Vor der Küste abgestürzt (geplant: GTO)	Fehlstart Verbrennungsinstabilitäten in einem der 4 Triebwerke der ersten Stufe führen zur Explosion kurz nach dem Start.

3	19. Juni 1981 12:32	L3	Meteosat 2, CAT Apple (Wettersatellit, Technologiekapsel, experimenteller Nachrichtensatellit)	unbek.	GTO	Erfolg
4	20. Dezember 1981 01:29	L4	CAT, MARECS A (Technologiekapsel, Kommunikationssatellit für Schiffe)	unbek.	GTO	Erfolg
5	9. September 1982 02:12	L5	MARECS B, Sirio (Kommunikationssatellit für Schiffe, experimenteller Kommunikationssatellit)	unbek.	in den Atlantik gestürzt (geplant: GTO)	Fehlstart Versagen der dritten Stufe
6	16. Juni 1983 11:59	L6	ECS 1, Amsat P3B (Kommunikationssatellit, Amateurfunksatellit)	unbek.	GTO	Erfolg
7	19. Oktober 1983 00:45	L7	Intelsat V-F7 (Kommunikationssatellit)	1860 kg	GTO	Erfolg
8	5. März 1984 00:50	L8	Intelsat V-F8 (Kommunikationssatellit)	1860 kg	GTO	Erfolg
9	23. Mai 1984 01:33	V9	SPACENET 1 (Kommunikationssatellit)	unbek.	GTO	Erfolg
10	2. Juli 1985 11:23	V14	Giotto (Kometensonde zum Halleyschen Kometen)	960 kg	GTO (Von dort durch eigenen Antrieb auf Erdfluchtbahn)	Erfolg; minimal mögliches Nutzlastgewicht in den GTO[4]
11	22. Februar 1986 01:44	V16	Spot 1, Viking 1 (Erdbeobachtungssatellit, Forschungssatellit)	unbek.	SSO	Erfolg

[1] NICHT zwangsläufig der Zielorbit der Nutzlast - sondern die Bahn auf der die Nutzlast von der dritten Stufe ausgesetzt wurde.

[2] Die Nutzlasten sind so verzeichnet wie sie übereinander oder (in seltenen Fällen) nebeneinander in der Nutzlastverkleidung untergebracht waren. Die oberste Nutzlast zuerst, dann die zweitoberste usw..

Literatur

- Martine Castello: *La grande aventure d'Ariane.* Larousse 1987, ISBN 2-03-518232-8.
- William Huon: *Ariane, une épopée européenne.* ETAI 2007, ISBN 978-2-7268-8709-7.
- Jean-Pierre Philippe: *Ariane, horizon 2000.* Taillandier, Paris 2000, ISBN 2-87636-045-4.
- Bernd Leitenberger: Europäische Trägerraketen Band 1. *Von der Diamant zur Ariane 4 - Europas steiniger Weg in den Orbit* Books on Demand, Norderstedt 2009, ISBN 3837095916.

Weblinks

- Aufsatz über die Ariane 1 – 3 [5]
- The Ariane Heritage [6] (englisch)
- CAPCOM ESPACE: ARIANE 1 [7] (französisch)

Einzelnachweise

[1] Die Oberstufen H-8, H-10 und ESC-A (http://www.bernd-leitenberger.de/h-10.shtml)

[2] *Launch log 1979 - 1989.* (http://www.arianespace.com/news-launch-logs/1979-1989.asp) Arianespace, abgerufen am 24. Juni 2009 (englisch).

[3] Mark Wade: *Ariane.* (http://www.astronautix.com/lvs/ariane.htm) In: *Encyclopedia Astronautica.* 31. Juli 2008, abgerufen am 24. Juni 2009 (englisch).

[4] Nigel Calder: *Jenseits von Halley. Die Erforschung von Schweifsternen durch die Raumsonden Giotto und Rosetta* (Originaltitel: *Giotto to the Comets*). Springer, Berlin, Heidelberg und New York 1994, ISBN 3-540-57585-5

[5] http://www.bernd-leitenberger.de/ariane.shtml

[6] http://www.arianespace.com/launch-services-ariane-heritage/ariane-heritage.asp

[7] http://www.capcomespace.net/dossiers/espace_europeen/ariane/ariane1/caracteristiques.htm

Ariane_(Rakete)

Ariane ist eine Serie von europäischen Trägerraketen, die im Auftrag der ESA von einem Tochterunternehmen des europäischen Luft- und Raumfahrtkonzerns EADS entwickelt wurden. Die Ariane-Raketen starten vom Weltraumbahnhof Kourou in Französisch-Guayana, 5° nördlich des Äquators. Der Name Ariane kommt von der französischen Bezeichnung für die Fruchtbarkeitsgöttin Ariadne aus der griechischen Mythologie. Im März 1980 wurde die Firma Arianespace gegründet, die seitdem Finanzierung, Produktion, Verkauf und Start der Ariane-Raketen übernimmt. Eigentümer dieser Firma sind verschiedene europäische Raumfahrtunternehmen. Alleiniger Hauptauftragnehmer für die Serienanfertigung der aktuellen Rakete, Ariane 5, ist die EADS-Tochter EADS Astrium Space Transportation. Obwohl noch umfangreiche Leistungssteigerungen der Ariane 5 geplant werden, laufen inzwischen bereits Vorbereitungen zum Start der Entwicklung der Nachfolgeversion Ariane 6 an.

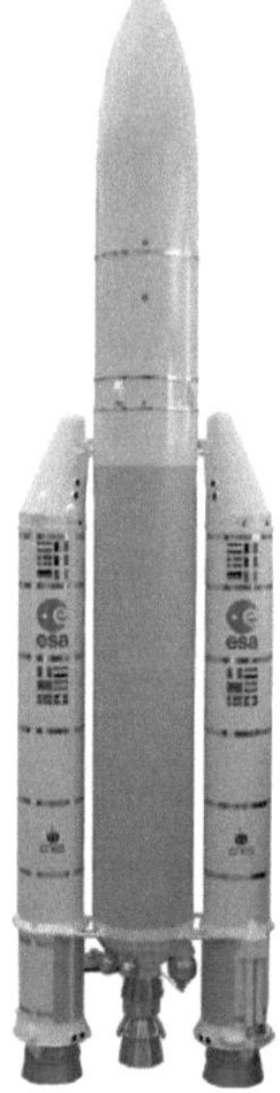

Modell einer Ariane 5

Geschichte

Die ursprünglich aus Frankreich stammende Doktrin, den "autonomen Zugang zum All" (Charles de Gaulle) zu sichern und somit unabhängig von den Vereinigten Staaten und der Sowjetunion Satelliten im Orbit absetzen zu können, führte 1964 in London zur Gründung der ELDO (European Launcher Development Organisation) durch Belgien, Frankreich, Italien, Deutschland, Großbritannien, Niederlande und Australien.

Entscheidend daran beteiligt war Hubert Curien, der von 1976 bis 1984 Präsident des Centre national d'études spatiales (*Nationales Zentrum für Weltraumforschung*) war. Er trug Verantwortung für die französische Weltraumpolitik und besonders die Entwicklung der Rakete. Später wurde er *Vater der Ariane* genannt.

Nachbau einer Ariane 44LP Rakete im Innenhof des Space Center Bremen

Grund für das australische Engagement war das Raumfahrtgelände in Woomera, das für die Entwicklung sehr von Vorteil war. Die von der ELDO entwickelten Raketen erhielten den Namen Europa. Die Modelle *Europa 1* und *Europa 2* wurden nie kommerziell eingesetzt, aus der *Europa 3* ging dann die Ariane 1 hervor.

Entwicklung und Vertrieb

Entwickelt wurden die Ariane-Raketen von Raumfahrtunternehmen aus den ESA-Mitgliedstaaten im Auftrag der ESA. Jeder an dem Projekt beteiligten Mitgliedstaat stellte dabei finanzielle Mittel zur Verfügung. Die Industrie des jeweiligen Staates bekam dann im Gegenzug von der ESA Entwicklungsaufträge im Wert des von dem Staat gezahlten Entwicklungsbeitrags. Seit dem Vertrag über die Serienanfertigung von insgesamt 65 Ariane 5 Trägerraketen wurde die EADS-Tochter EADS Astrium Transportation alleiniger Hauptauftragsnehmer und ist nun zuständig für die Zustellung der Ariane 5 an Arianespace. Zuvor hatte die Startgesellschaft Arianespace die Einzelteile der Rakete bei verschiedenen Unternehmen bestellen müssen und sie dann von einem weiteren ausgewählten Unternehmen montieren lassen.

EPS Oberstufe der Ariane 5 G, G+, GS und ES ATV

Ariane-Modelle

- Ariane 1 – 47 m, Nutzlast 1,85 t, (Weiterentwicklung der Europa 3), Erststart 24. Dezember 1979, letzter Start 21. Februar 1986, 11 Starts, davon 9 erfolgreich (82 %).
- Ariane 2 – 49 m, Nutzlast 2,27 t, Ariane 3 ohne Feststoffbooster, Erststart 30. Mai 1986, letzter Start 1. April 1989, 6 Starts, davon 5 erfolgreich (83 %).
- Ariane 3 – 49 m, Nutzlast 2,65 t, vergrößerte Modifikation der Ariane 1 mit zwei zusätzlichen Feststoffboostern, Erststart 4. August 1984, letzter Start 11. Juni 1989, 11 Starts, davon 10 erfolgreich (91 %).
- Ariane 4 – 58 m, stark vergrößerte Modifikation der Ariane 3 mit einem flexiblen Konzept unterschiedlich leistungsfähiger Feststoff- und/oder Flüssigtreibstoffbooster. Damit wird der Antrieb den unterschiedlichen Nutzlasten angepasst. Nutzlast je nach Version 2,07 t – 4,9 t, Erststart 15. Juni 1988, letzter Start 15. Februar 2003, 116 Starts, davon 113 erfolgreich (97,4 %).
- Ariane 5 – 55 m, sie ist die Entwicklung der 1980er- und 1990er-Jahre und kann je nach Version 6 t – 10 t Nutzlast transportieren. Damit ist sie die leistungsfähigste europäische Trägerrakete und kann schwere Lasten in die Umlaufbahn befördern. Erststart 4. Juni 1996, 37 Starts, davon 33 erfolgreich und 2 Teilerfolge. Mit insgesamt 65 bestellten Trägerraketen diesen Typs sichert Arianespace die Weiterführung der Starts über das Jahr 2010 hinaus.
  - Ariane 5 ECA – 55 m, ist die aktuelle Version der Ariane 5. Sie ist eine weiterentwickelte Ariane 5 Trägerrakete mit der kryogenen ESC-A Oberstufe, um der stetig steigenden Nachfrage nach

Transportmöglichkeiten für mittlere und schwerere Satelliten auf dem zivilen Markt nachzukommen. Nutzlastkapazität 9,1 Tonnen bei Doppelstarts und 9,6 Tonnen bei Einzelstarts. 35 der 65 von Arianespace bestellten Raketen sind Schwerlastträger des Typs Ariane 5 ECA.

- Ariane 5 ES ATV – diese Version der Ariane 5 Trägerrakete befördert das *Automated Transfer Vehicle* (ATV) zur internationalen Raumstation ISS. Dieser Raumtransporter liefert dorthin unter anderem Versorgungsgüter wie zum Beispiel Lebensmittel, Sauerstoff und Frischwasser oder den Treibstoff für das Antriebssystem der Station. Aber auch die Höhenkorrektur der Raumstation, das so genannte „Reboost", geschieht mit dem Schub dieses Raumtransporters.
- Ariane 5 ME – geplante Version der Ariane 5 mit neuer ESC-B Oberstufe. Die geplante Nutzlastkapazität beträgt etwa 11,2 bis 11,6 Tonnen.[1]

- Ariane 6 – geplante Rakete, die je nach Version eine Nutzlast von 3000 bis 8000 Kilogramm besitzen soll und ab 2025 die heutige Ariane 5 ablösen könnte.[2] Über ihren Bau soll endgültig 2014 entschieden werden[3] Ihr Erststart soll 2021 oder 2022 erfolgen. Anders als die Ariane 1 bis 5 soll die Ariane 6 nicht mehr für Doppelstarts von zwei Satelliten auf einmal in den GTO ausgelegt sein.[4] Nach den bisherigen Designstudien soll sich die Rakete durch Verwendung von unterschiedlich vielen Feststoffboostern an das jeweilige Nutzlastgewicht anpassen können. Die Ariane 6 verwendet Festtreibstoff, bis auf die Oberstufe, die mit H_2/O_2 angetrieben wird. Diese soll von der Ariane 5 ME kommen[5] .
  - Vor der Vorauswahl für die Ariane 6 auf der Ministerratskonferenz im November 2012 liefen die Studien zu der Rakete als „Next Generation Launcher (NGL)", für den EADS-Astrium im Auftrag der ESA Vorentwicklungsstudien machte.[6] Nach den damaligen Plänen hätte der Next Generation Launcher in der ersten Stufe CH_4 mit O_2 verbrennen können und in der zweiten H_2/O_2. Die zweite Möglichkeit wäre eine dreistufige Rakete, die in den ersten beiden Stufen Feststoff verwendet und in der dritten H_2/O_2 verbrennt. Als dritte Variante wäre auch eine Rakete mit zwei mit H_2/O_2 angetriebenen Stufen möglich gewesen.[7] Die ESA lässt seit 2007 Konzepte für einen „High-Thrust Engine" Demonstator entwickeln.[8] Ab 2009 gab es Designüberprüfungen. Diese sollten zu einem neuen Triebwerk für die Hauptstufe der NGL führen.[9]

Anmerkung: Nutzlast für den GTO.

Modellbau

1987 baute Lambert Schelter ein 5,40 Meter langes flugfähiges Modell der Ariane, das heute im Hermann-Oberth-Raumfahrt-Museum in Feucht steht[10] . Ein 4,5 Meter langes und 85 Kilogramm schweres flugfähiges Modell der Ariane 4, welches von einer Arbeitsgruppe der Advanced Rocketry Group Of Switzerland (ARGOS) gebaut wurde, wurde 2002 in Amarillo, Texas sowie zwei mal im Val de Ruz bei Neuchâtel erfolgreich gestartet.

Modell der Ariane 5

Gemeinschaft der Ariane-Städte

Die Communauté des Villes Ariane (CVA, „Gemeinschaft der Ariane-Städte") verbindet die EU-Standorte, die an der Ariane-Produktion beteiligt sind.

Literatur

- Martine Castello: *La grande aventure d'Ariane.* Larousse 1987, ISBN 2-03-518232-8.
- Hans-Martin Fischer: *Europas Trägerrakete ARIANE. Geschichte und Technik zum letzten Start der ARIANE 4.* Stedinger, Lemwerder 2004, ISBN 3-927697-32-X.
- William Huon: *Ariane, une épopée européenne.* ETAI 2007, ISBN 978-2-7268-8709-7.
- Jean-Pierre Philippe: *Ariane, horizon 2000.* Taillandier, Paris 2000, ISBN 2-87636-045-4.
- F.-Herbert Wenz: *Die legendäre EUROPA-Trägerrakete. Geschichte und Technik der in Deutschland gebauten 3. Stufe.* Stedinger, Lemwerder 2003, ISBN 3-927697-27-3.
- Bernd Leitenberger: Europäische Trägerraketen Band 1. *Von der Diamant zur Ariane 4 - Europas steiniger Weg in den Orbit* Books on Demand, Norderstedt 2009, ISBN 3-8370-9591-6.

Siehe auch

- Liste der Ariane-4-Raketenstarts
- Liste der Ariane-5-Raketenstarts

Weblinks

- Arianespace [11]
- Seite des Trägerraketenprogrammes der ESA [12] (englisch)
- Liste der bisherigen Starts auf der Seite von Arianespace [13] (englisch)
- Astrium, Ariane 5 Hauptauftragnehmer [14]
- "Wiederverwendbar ins All - Europa plant Nachfolger für Ariane-5", dradio Bericht zur Ariane 6 Rakete [15]
- Ariane Flugplan bei der DGLR [16]
- Die Geschichte der Europarakete Ariane [5]
- NGL E-Book der ESA [17] (englisch)

Einzelnachweise

[1] http://www.bernd-leitenberger.de/ariane-5-midlife-evolution.shtml

[2] http://www.flightglobal.com/articles/2009/07/14/329641/has-the-countdown-to-ariane-6-begun.html

[3] http://www.raumfahrer.net/news/raumfahrt/21112012223511.shtml Klaus Donath: *Weichenstellung für Europas Raumfahrt*, in Raumfahrer .net, Datum: 21. November 2012, Abgerufen: 22. November 2012

[4] http://www.focus.de/politik/weitere-meldungen/frankreich-paris-fordert-von-deutschland-entscheidung-ueber-ariane-6-rakete_aid_465500.html

[5] Christoph Seidler: *ESA-Gipfel, Durchbruch auf der Raumfahrtkonferenz*, in Spiegel Online, Datum: 21. November 2012, Abgerufen 21. November 2012 (http://www.spiegel.de/wissenschaft/weltall/esa-staaten-einigen-sich-im-ariane-streit-iss-beteiligung-gesichert-a-868429.html)

[6] http://www.astrium.eads.net/node.php?articleid=5345

[7] http://www.astrium.eads.net/node.php?articleid=5345

[8] ESA signs High Thrust Engine Demonstrator contract for Next Generation Launcher (http://www.esa.int/SPECIALS/Launchers_Home/SEMHBUZO0WF_0.html), Datum: 17. Juni 2009, Abgerufen: 17. September 2011.

[9] ESA's high-thrust engine takes next step, Datum: 22. Juni 2011, Abgerufen: 17. September 2011 (http://www.esa.int/SPECIALS/Launchers_Home/SEMJGXZ27PG_0.html)

[10] http://www.modellraketen.info/index.php?id=ariane

[11] http://www.arianespace.com

[12] http://www.esa.int/SPECIALS/Launchers_Home/index.html

[13] http://www.arianespace.com/news-launch-logs/2000-2010.asp

[14] http://www.astrium.eads.net/de/programme/ariane-5.html

[15] http://www.dradio.de/dlf/sendungen/forschak/1386357/

[16] http://www.dglr-muenchen.de/ariane.htm

[17] http://esamultimedia.esa.int/multimedia/publications/ngl/pageflip.html

Startgewicht

Das **Startgewicht** (auch *Startmasse, Abfluggewicht* bzw. *-masse*) eines Flugkörpers ist das Gewicht, das der Flugkörper im Moment des Lösens vom Boden oder von einem Trägersystem besitzt. Es setzt sich aus dem Rüstgewicht (Rüstmasse) und der Zuladung zusammen. Während des Fluges verringert sich das Gewicht des Flugkörpers durch den Kraft- und Schmierstoffverbrauch ständig.

Das maximal zulässige Startgewicht hingegen ist das höchst zulässige Gewicht, bei dem sich der Flugkörper unter gegebenen äußeren Bedingungen sicher vom Boden oder Trägersystem lösen kann.

Siehe auch

- Flugzeuggewicht
- Flugleistung

Durchmesser

Der **Durchmesser** (altgr. *Diameter*) eines Kreises oder einer Kugel ist der größtmöglichen Abstand zweier Punkte der Kreislinie oder der Kugeloberflächenpunkte. Beim Kreis ist dies die längstmögliche Sehne. Der Durchmesser eines Rotationskörpers ist die längste Sehne senkrecht zur Rotationsachse des Körpers.

Der Durchmesser eines Kreises oder einer Kugel entspricht außerdem dem Abstand zwischen den Schnittpunkten mit einer Geraden, die durch den Mittelpunkt verläuft. Auch in höherdimensionalen Fällen ist der Durchmesser die Länge der Strecke, die aus einer Geraden durch den Mittelpunkt der Sphäre (des Kreises, der Kugel, der -Sphäre ...) ausgeschnitten wird. Auch diese Strecke selbst wird gelegentlich als ein Durchmesser der Sphäre bezeichnet.

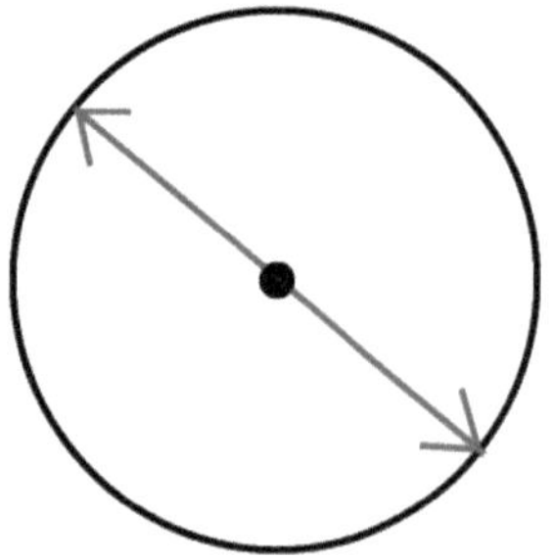

Die rote Linie bezeichnet man als Durchmesser

Die Hälfte eines Durchmessers wird Radius genannt. Das Verhältnis Umfang eines Kreises zum Durchmesser ist die Kreiszahl Bei einem Kreis gilt daher

Durchmesser in der Technik

Technische Formeln werden bevorzugt so aufgebaut, dass der Durchmesser und nicht der Radius als Variable enthalten ist, da sich der Durchmesser mit den werkstattüblichen Messmitteln (z.B. Messschieber) direkt ermitteln und dann in der Formel anwenden lässt.

In der Metallverarbeitung kann zum Beispiel der Durchmesser einer Bohrung oder eines Bolzens mit dem geeigneten Messmittel gemessen werden. Der Durchmesser entspricht dabei dem größten Maß, das rechtwinklig zur Bohrungs- oder Bolzenachse gemessen wird.

In technischen Zeichnungen wird das Durchmesserzeichen ⌀ (U+2300) – nicht zu verwechseln mit dem Buchstaben ø bzw. Ø und dem Zeichen für die leere Menge ∅ (U+2205) – den Maßzahlen von Kreisformen vorangestellt. Früher wurde dies Zeichen nur dann verwendet, wenn die Kreisform nicht sofort erkennbar war, d. h. beispielsweise bei der Schnittdarstellung von Bohrungen oder Durchgangslöchern. In der Mathematik bezeichnet dieses Symbol auch den Durchschnitt (Mittelwert).

Kugeldurchmesser werden auch bei Sonnen, Planeten oder Monden angegeben, die jeweils eine Kugel darstellen.

Durchmesser in metrischen Räumen

Eine Verallgemeinerung ist der Durchmesser einer Menge M in einem metrischen metrischen Raums X in der Mathematik. Er ist definiert als das Supremum aller Abstände je zweier Punkte des Raumes,

Für Kreise und Kugeln in euklidischen Räumen stimmt diese Definition mit dem oben genannten geometrischen Begriff überein.

Innen- und Außendurchmesser

Im Falle eines zylindrischen oder konischen Hohlkörpers mit ebenfalls zylindrischen oder konischen, meist zentrischen Durchbruch, Bohrung oder Einsenkung unterscheidet man zwischen dem inneren und äußeren Durchmesser. Als Beispiel seien Schläuche, Rohre, Hohlwellen, Kugellager und dergleichen genannt. Der Herstellungsprozess umfasst dabei fast alle in der Fertigungstechnik bekannten Verfahren, wobei die genauesten Ergebnisse weitestgehend vom Werkstoff und den Abmessungen des Werkstücks abhängen.

Für das Messen und Prüfen der Durchmesser wurden zum Teil spezielle Geräte und Messmethoden entwickelt. Für den Innendurchmesser gibt es unter anderem Innenmesschrauben oder Schnelltaster, zum Prüfen sind besonders die Lehrdorne erwähnenswert. Außendurchmesser lassen sich mit nahezu allen bekannten Längenmessmitteln messen, doch auch hierfür gibt es gesonderte Geräte. Die wohl bekanntesten sind der Messschieber, mit dem auch Innendurchmesser zu erfassen sind, und die Messschraube. Zum Prüfen eignen sich neben anderen Methoden vor allem Lehrringe. Ebenfalls beide Durchmesser, sofern sie nicht zu klein sind, können an modernen Koordinatenmessmaschinen erfasst werden.

Eine gesonderte Schreibweise für den Innen- oder Außendurchmesser konnte sich bis jetzt nicht durchsetzen, doch wird meist das kleine d für den Innendurchmesser und das große D für den Außendurchmesser verwendet. Bei Rohren und Schläuchen ist die Angabe der Abmessungen in der Regel durch den Außendurchmesser und die Wandstärke üblich und in einigen Bereichen auch genormt.

Weitere Begriffsverwendungen

- Durchmesser eines Graphen
- Äquivalentdurchmesser – der Durchmesser einer zu einem gegebenen Körper äquivalenten Kugel
    - Aerodynamischer Durchmesser – Äquivalentdurchmesser bezüglich der Aerodynamik
- Biparietaler Durchmesser – der Querdurchmesser des kindlichen Kopfes im Mutterleib
- Idealkritischer Durchmesser – eine Kenngröße in der Stahlherstellung
- Konjugierte Durchmesser – einender zugeordnete Durchmesser bei Kegelschnitten
- Nenndurchmesser – ein Nennmaß, beispielsweise bei der Normung

Geostationäre_Transferbahn

Eine **Geostationäre Transferbahn** (auch **Geotransferorbit**; Abk. **GTO** von engl. *Geostationary Transfer Orbit*) ist eine Erdumlaufbahn, auf der Satelliten von Raketen ausgesetzt werden, um kurz darauf auf einer geostationären Umlaufbahn (GEO) endgültig positioniert zu werden. Der GTO besitzt jedoch in den seltensten Fällen eine Inklination von 0°, wie das für die endgültige GEO-Bahn der Fall ist.

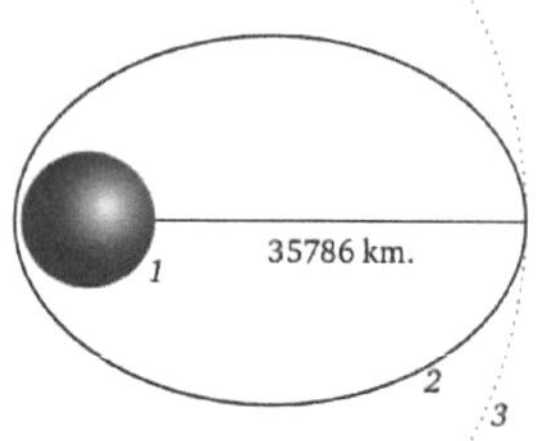

Geostationäre Transferbahn
(1) Erde
(2) GTO
(3) GEO

Beschreibung

Der Orbit hat die Form einer langgestreckten Ellipse. Einen Brennpunkt der Ellipse stellt die Erde dar. Der am weitesten von der Erde entfernte Punkt – das Apogäum – liegt in der Nähe des geostationären Orbits in 35 786 km Höhe über dem Äquator. In der Praxis wird dieser fast nie genau getroffen und einige Kilometer Abweichung sind normal. Normalerweise setzt eine Rakete den Satelliten am (oder in der Nähe des) erdnächsten Punkts (dem Perigäum) der Ellipsenbahn aus. Im einfachsten Fall feuert der Satellit sein Triebwerk (den Apogäumsmotor), nachdem er einen halben Umlauf ohne Antrieb zurückgelegt hat und macht aus dem GTO eine kreisförmige Bahn, den geostationären Orbit (GEO). Dabei wird auch die Inklination des GTO auf die 0° Inklination des GEO reduziert. Der Treibstoffverbrauch zum Einschwenken in den GEO ist deshalb umso geringer, je geringer die Inklination des GTO ist; u.a. daher sind äquatornahe Startplätze, aus denen bei entsprechendem Abflug Bahnen mit geringer Inklination resultieren, von Vorteil.

Details

Die Umlaufzeit auf einem typischen GTO (250 x 36.000 km) beträgt ca. 10,5 Stunden[1] , so dass die Höhe der Geostationären Umlaufbahn erstmals nach mehr als 5 Stunden passiert wird.[2]

Zum Erreichen eines GTO muss eine Rakete von einem äquatornahen Standort wie Kourou aus auf etwa 10,2 km/s beschleunigen. Im Apogäum muss der Satellit dann mit dem Apogäumsmotor nochmals eine Geschwindigkeitsänderung von etwa 1,5 km/s durchführen, um die Inklination abzubauen und in die kreisförmige GEO-Bahn einzutreten.[3]

Besondere Verfahren einiger Trägerraketen

Bei Trägerraketen, die zuerst eine niedrige Parkbahn anfliegen, ist die zum GEO führende Hälfte der **Geostationären Transferbahn** in der Regel ein Hohmann-Transfer.

Einige Trägerraketen, die von sehr hohen geographischen Breiten aus starten, z.B. die Proton, steuern einen GTO mit sehr hohem Perigäum über mehrere Zwischenbahnen an, wobei sie die Inklination schrittweise abbauen. Dies erfolgt bei möglichst geringer Geschwindigkeit, also in möglichst großer Höhe. Andere Trägerraketen bringen den Satelliten selbst nach einem halben Umlauf im GTO durch eine Zündung der Oberstufe im Apogäum in den GEO, wobei sie die Inklination auch auf 0° reduzieren. Dabei bleibt allerdings die Oberstufe in der Nähe des GEO zurück bzw. muss auf einen Friedhofsorbit "entsorgt" werden.

Wechsel in die Geostationäre Umlaufbahn

Satelliten mit einem Feststofftriebwerk als Apogäumsmotor zünden diesen, nachdem sie sich korrekt ausgerichtet haben, beim Erreichen des Gipfelpunkts der Geostationären Transferbahn und gelangen so in den GEO. Das kann bereits nach einem halben Erdumlauf sein, jedoch kann der Satellit auch zuvor einige Erdumläufe auf der Geostationären Transferbahn bleiben um z.B. technisch überprüft zu werden.

Nahezu alle Satelliten, die einen Flüssigtreibstoff-Apogäumsmotor verwenden, sind heute so schwer, dass ihr Flüssigtreibstoff-Apogäumsmotor nicht stark genug ist, die Bahn bei einem einzigen Durchgang durch das Apogäum anzuheben. Deshalb wird bei mehreren Apogäumspassagen das Triebwerk jeweils gezündet und das Perigäum stückweise angehoben, bis der kreisförmige GEO erreicht ist. Eine Aufteilung der Antriebsleistung auf Oberstufe und Apogäumstriebwerk wäre technisch möglich, ist aber unüblich.

Seit Einführung der Ionentriebwerke geht man bei den damit ausgestatteten Satelliten auf sogenannte GTO+ („plus") Transferbahnen über. In diesem Fall ist die Übergangsellipse noch viel stärker gestreckt – der Satellit schießt quasi über sein Ziel hinaus. Durch ein gezieltes Feuern der Ionentriebwerke in verschiedene Richtungen in einzelnen Bahnabschnitten wird über einige Wochen aus der langgestreckten Ellipse der geostationäre, kreisförmige Orbit.

Quellen

[1] http://www.bernd-leitenberger.de/orbits.shtml Bernd Leitenberger: *Bahnen und Orbits von Satelliten*, Abgerufen: 28. August 2012 (berechnet mit dem Rechner auf der Seite)

[2] B. Stanek: *Raumfahrtlexikon*, Hallwag Verlag, Bern (1983), ISBN 3-444-10288-7 Seite: 304 - 305

[3] Horst W. Köhler: *Klipp und klar, 100 x Raumfahrt*. Bibliographisches Institut AG, Mannheim 1977, ISBN 3-411-01707-4 Seite 111

Weblinks

Bernd Leitenberger: Bahnen und Orbits von Satelliten (http://www.bernd-leitenberger.de/orbits.shtml)

Spezifischer_Impuls

Der **massenspezifische Impuls** (abgekürzt:) eines Antriebssystems ist die Änderung des Impulses (Masse mal Geschwindigkeit bzw. Kraft mal Zeit) pro Massen- oder Gewichtseinheit des Treibstoffs. Er ist eine wesentliche Kenngröße von Raketenmotoren und stellt die effektive Geschwindigkeit der Antriebsgase beim Verlassen der Düse dar, ist somit ein Maß für die Effektivität eines Antriebs oder Treibstoffs unabhängig von der Größe des Motors.

Mit derselben Abkürzung wird auch der **gewichtsspezifische Impuls** bezeichnet, welcher zusätzlich zu ersteren Formulierung noch über die Erdbeschleunigung normiert wird.

Definition

Massenspezifischer Impuls

Der spezifische Impuls wird als massenspezifischer Impuls wie folgt formuliert:

Dabei bedeuten:

- die Brenndauer
- die Treibstoffmasse
- der gemittelte Schub (Kraft)
- der Schubverlauf

Daraus ergibt sich für den massenspezifischen Impuls die – physikalisch korrekte und SI-konforme – Einheit . Hierbei handelt es sich um die ursprüngliche, aber mittlerweile verdrängte Formulierung. Da in den USA das SI-Einheitensystem nicht konsequent angewandt wird, ergeben sich Probleme bzgl. der Vergleichbarkeit von Daten aus den USA mit jenen aus dem Rest der Welt.

Gewichtspezifischer Impuls

Wegen der unterschiedlichen Einheitensysteme ist es heute üblich, anstelle des massenspezifischen Impulses den gewichtsspezifischen Impuls zu verwenden. Dieser wird mit der Standard-Erdbeschleunigung skaliert und besitzt somit als Einheit nur [s]:[1]

mit als Standard-Erdbeschleunigung.

Da die Einheit [s] international als Zeiteinheit gleich verwendet wird, ist der gewichtsspezifische Impuls besser vergleichbar und hat dadurch die alte Formulierung abgelöst.

Beispiele

Ein spezifischer Impuls von 1.000 m/s = 1.000 Ns/kg 102 s bedeutet, dass 1 kg dieses Treibstoffs eine Impulsänderung von 1.000 Ns bewirken kann. Das entspricht z. B. einem Triebwerk, das eine Sekunde lang eine Schubkraft von 1.000 N entwickelt und in dieser Zeit 1 kg Treibstoff verbraucht, oder einem kleinen Triebwerk, das 10 s lang 10 N Schub entwickelt bei 0,1 kg Treibstoffbedarf.

Der spezifische Impuls chemischer Treibstoffe ist von der bei der Reaktion freiwerdenden Energie und der mittleren Molekülmasse abhängig. Die höchsten spezifischen Impulse bei den heute eingesetzten Kombinationen weisen Wasserstoff/Sauerstoff und Wasserstoff/Fluor auf. Der höchste experimentell erreichte Wert liegt bei zirka 470 s (RL-10B2 und Vinci-Triebwerk).

Ionentriebwerke beschleunigen ein Arbeitsgas, das ionisiert wird, durch elektrische Felder. Je nach angelegter Spannung können die Ionen auf sehr hohe Geschwindigkeiten beschleunigt werden, theoretisch bis nahezu Lichtgeschwindigkeit. Verfügbare Ionentriebwerke weisen Spezifische Impulse von 3.000 bis 4.000 s auf, der ESA Dual-stage Four-Grid Ion Thruster (DS4G) erreichte einen spezifischen Impuls von 210.000 m/s 21.400 s.[2]

Anwendung

Der spezifische Impuls eines Raketentriebwerks mit Glockendüse ist vom Umgebungsdruck abhängig. Die Düse wird konstruktiv auf *einen* bestimmten Enddruck optimiert. Bei Oberstufen z. B. erhält man den höchsten spezifischen Impuls im Vakuum. Beim Start von der Erde ist wegen des Atmosphärendrucks der maximal erreichbare spezifische Impuls um 10 bis 15 Prozent geringer, da man bei Unterstufen nicht unter etwa 40 Prozent des Außendrucks expandieren kann. Anderenfalls kommt es bei den normalerweise verwendeten Glockendüsen zu einem Abriss der Strömung (Summerfield-Kriterium). Eine sowohl in Luft als auch im Vakuum gleichermaßen effizient arbeitende Alternative ist das Aerospike-Triebwerk.

Da der massenspezifische Impuls in SI-Einheiten die effektive Ausströmgeschwindigkeit der Gase darstellt, kann man zusammen mit der Voll- und Leermasse aus der Raketengrundgleichung Ziolkowskis die Endgeschwindigkeit der Rakete berechnen.

Für Raketen, die innerhalb der Atmosphäre eingesetzt werden, sowie militärische Raketen, die in einem Silo oder einem möglichst kleinen Transportcontainer untergebracht werden müssen, ist auch der **volumenspezifische Impuls** wichtig, da man dann möglichst kompakt, also luftwiderstandsgünstig bauen will. Er wird gebildet, indem man den Spezifischen Impuls mit der Dichte des Treibstoffs multipliziert:

Volumenspezifischer Impuls [] = Dichte × spezifischer Impuls

Seine SI-Einheit ist kg/s·m². Beispielsweise ist der spezifische Impuls der Kombination von Stickstofftetroxid mit Hydrazin-Varianten etwas kleiner als der von flüssigem Sauerstoff und Kerosin. Die Dichte ist jedoch höher und so erhält man eine kleinere Rakete.

Belege

[1] Ernst Messerschmid, Stefanos Fasoulas: *Raumfahrtsysteme, 3. Auflage*, Springer-Verlag, 2008, ISBN 3-540-77699-0

[2] http://www.esa.int/esaCP/SEMOSTG23IE_index_0.html

Weblinks

- ACRT Propulsion Dual-stage Gridded Ion Thruster (DS4G) (http://www.esa.int/gsp/ACT/pro/pp/DS4G/background.htm)
- RL-10 Characteristics (Rocketdyne) (http://www.pw.utc.com/vgn-ext-templating/v/index.jsp?vgnextoid=aa1f34890cb06110VgnVCM1000004601000aRCRD)
- Specific Impulse (http://www.grc.nasa.gov/WWW/K-12/airplane/specimp.html) Nasa Glenn Research Center

HM-7

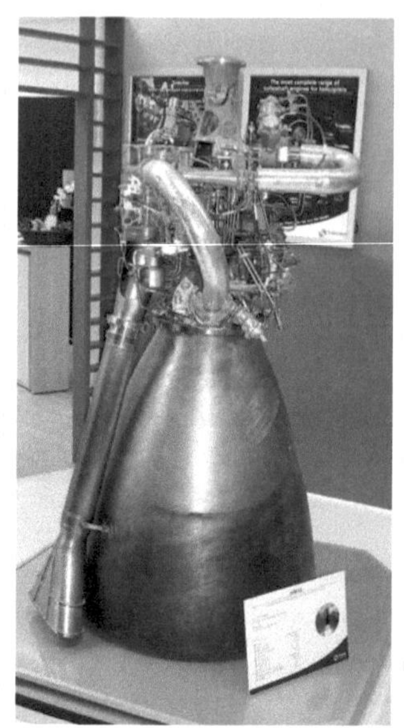
HM-7B Triebwerk

Das **HM-7**-Raketentriebwerk wurde für die hochenergetische Wasserstoff/Sauerstoff-Drittstufe der Ariane 1 entwickelt und hatte 60 kN Schubkraft. Es war, wie auch das aktuelle HM-7B, nicht wiederzündbar.

Der Erstflug fand am 24. Dezember 1979 statt. Bei weiteren Testflügen konnte die schon bei diesem Flug gemachte Erfahrung bestätigt werden, dass das Triebwerk einen höheren Spezifischen Impuls aufwies als berechnet, wodurch die Nutzlastkapazität der Ariane 1 über den Planungen lag.

HM-7B

Das HM-7 wurde für den Einsatz in den Nachfolgemodellen Ariane 2, Ariane 3 und Ariane 4 zum schubgesteigerten **HM-7B** mit 64,8 kN Schubkraft weiterentwickelt. Sein Erstflug war am 4. August 1984 mit einer Ariane 3.

Während der langen Produktionszeit der Ariane 4 wurde das HM-7B-Triebwerk weiter entwickelt, wobei der Schub gesteigert und das Mischungsverhältnis von 5:1 auf 6:1 umgestellt wurde, um der dritten Stufe den Transport von mehr Treibstoff zu ermöglichen. Der Name des Triebwerks wurde jedoch nicht mehr geändert. Wegen der vergleichsweise anspruchsvollen H_2/O_2-Technik war das HM-7B-Triebwerk das unzuverlässigste Triebwerk der Ariane-1-4-Raketen. Erst nach dem 5. Versagen eines Triebwerks der HM-7/HM-7B-Reihe konnten die Fehler während einer mehrmonatigen Startpause ausgemerzt werden. [1] Seitdem fliegen die HM-7B-Triebwerke fehlerlos.

Aufgrund der jetzt hohen Zuverlässigkeit dieses Triebwerks und der schnellen Verfügbarkeit wurde beschlossen, es im Leistungssteigerungsprogramm der Ariane 5 für die Ariane 5 ECA zu übernehmen, wozu es wiederum leicht im Schub auf 70 kN und im Spezifischen Impuls gesteigert wurde. Außerdem wurde es an die nun max. 970 sec. lange Brennzeit angepasst (Ariane 4 nur max. 780 sec.).[2]

Die Ariane 5 ECA wurde jedoch ursprünglich nur als eine kurzzeitige Zwischenlösung geplant, bis die noch stärkere Ariane 5 ECB mit dem neuen Vinci-Triebwerk einsatzbereit ist. Die Ariane 5 ECB wurde, mangels noch schwererer Satelliten, jedoch auf unbestimmte Zeit verschoben. Nach aktuellen Planungen soll 2011 über die nun Ariane 5 ME (Midlife Evolution) genannte auch ansonsten modernisierte Ariane-5-Version entschieden werden, die dann 2016/2017 zum Erstflug abheben könnte. Bis diese Version ca. 2017 [3] in Dienst gehen würde, werden die Ariane 5 ECA und das HM-7B im Dienst bleiben.

Weblinks

- Encyclopedia Astronautica: HM-7A [4] (englisch)
- Encyclopedia Astronautica: HM-7B [5] (englisch)
- EADS Astrium: HM-7 and HM-7B Rocket Engine - Thrust Chamber [6] (englisch)
- Bernd Leitenberger: Die Oberstufen H-8, H-10 und ESC-A [7]
- CAPCOM ESPACE: LE MOTEUR HM7 [8] (französisch)
- CAPCOM ESPACE: LE MOTEUR HM7 B [9] (französisch)
- Snecma HM7 [10] (englisch)

Einzelnachweise

[1] Bernd Leitenberger: Geschichte der Ariane 4 (http://www.bernd-leitenberger.de/ariane4.shtml)
[2] Bernd Leitenberger: Die Oberstufen H-8, H-10 und ESC-A (http://www.bernd-leitenberger.de/h-10.shtml)
[3] European Space Agency (ESA) awards development contract for Ariane 5 Midlife Evolution (ME) to Astrium (http://www.astrium.eads.net/node.php?articleid=4119)
[4] http://www.astronautix.com/engines/hm7a.htm
[5] http://www.astronautix.com/engines/hm7b.htm
[6] http://cs.astrium.eads.net/sp/launcher-propulsion/rocket-engines/hm7b-rocket-engine.html
[7] http://www.bernd-leitenberger.de/h-10.shtml
[8] http://www.capcomespace.net/dossiers/espace_europeen/ariane/ariane1/moteur_HM7.htm
[9] http://www.capcomespace.net/dossiers/espace_europeen/ariane/ariane4/moteur_HM7B.htm
[10] http://www.snecma.com/spip.php?article120&lang=en

Viking_(Triebwerk)

Das **Viking** Triebwerk wurde in Frankreich entwickelt und sollte die erste Stufe der nie verwirklichten Europa III Rakete antreiben. Nach dem Ende dieses Projektes wurde es für die erste Stufe, und mit einer vergrößerten (für den Betrieb im Vakuum optimierten) Schubdüse für die zweite Stufe der Ariane 1 ausgewählt. Verbesserte Versionen wurden auch in der Ariane 2, 3 und 4 verwendet.

Daraufhin wurden für die Ursprungsversionen Lizenzen an Indien vergeben, wo die Triebwerke unter dem Namen **Vikas** gefertigt werden und in verschiedenen Stufen der PSLV und GSLV Raketen zum Einsatz kommen.

Viking 5C

Technik

Die Viking-Triebwerke arbeiten mit dem Nebenstromverfahren und verwenden hypergole Treibstoffe, die beim Kontakt miteinander spontan zünden. Die Ariane 1 verwendete als Oxidator Stickstofftetroxid und als Treibstoff UDMH. Weil es jedoch beim zweiten Flug der Ariane 1 zu einer Verbrennungsinstabilität kam, die zum Absturz führte, beschloss man, die Treibstoffart auf UH 25 zu wechseln, während der Oxidator beibehalten wurde. Dieses Vorhaben wurde jedoch erst bei den schubgesteigerten Viking Versionen verwirklicht, die ab der Ariane 2 eingesetzt wurden.

Im Gasgenerator wird ca. 1 kg Oxidator und 1 kg Treibstoff pro Sekunde verbrannt, wobei 3000 °C heiße Abgase entstehen. Damit das Gas nicht die Turbine beschädigt, wird jede Sekunde 4 Liter Wasser eingespritzt, und so die

Gastemperatur auf 600 °C gesenkt. Die Turbine hat eine Leistung von 2500 kW bei 10.000 Umdrehungen pro Minute und treibt zwei Turbopumpen an, die insgesamt ca. 275 kg Oxidator und Treibstoff pro Sekunde, von der Seite[1] , in die Brennkammer pressen.

Um die Brennkammerinnenwand vor den 3000 °C heißen Reaktionsprodukten zu schützen, wird ein Treibstoffschleier innen entlang der Brennkammerwand eingespritzt, der dort lokal mangels Oxidator eine nicht verbrennende, kühlende Schicht bildet. Die Schubdüse wird jedoch nicht aktiv gekühlt, sondern erhitzt sich bis zur Rotglut und gibt dabei genauso viel Hitze durch Strahlung nach außen ab, wie sie innen aus dem Schubstrahl aufnimmt.

Technische Daten

Version	Viking 2	Viking 2B	Viking 4	Viking 4B	Viking 5C	Viking 6
Höhe	2,87 m	2,87 m	3,51 m	3,51 m	2,87 m	2,87 m
Durchmesser	0,99 m	0,99 m	1,70 m	1,70 m	0,99 m	0,99 m
Masse	?	?	826 kg	826 kg	826 kg	826 kg
Treibstoffe	Stickstofftetroxid und UDMH im Verhältnis 1,86:1	Stickstofftetroxid und UH 25 im Verhältnis 1,70:1	Stickstofftetroxid und UDMH im Verhältnis 1,86:1	Stickstofftetroxid und UH 25 im Verhältnis 1,70:1	Stickstofftetroxid und UH 25 im Verhältnis 1,70:1	Stickstofftetroxid und UH 25 im Verhältnis 1,71:1
Treibstoffverbrauch	ca. 275 kg/s	ca. 275 kg/s	ca. 275 kg/s	ca. 275 kg/s	ca. 275 kg/s	ca. 275 kg/s
Leistung der Turbine	2500 kW/10.000/min	2500 kW/10.000/min	2500 kW/10.000/min	2500 kW/10.000/min	2500 kW/10.000/min	2500 kW/10.000/min
Vakuumschub	690 kN	?	713 kN	800 kN	758 kN	750 kN
Bodenschub	611 kN	643 kN	-	-	678 kN	?
Verwendung	Ariane 1, GSLV	Ariane 2, 3	Ariane 1, PSLV, GSLV	Ariane 2 - 4	Ariane 4	PAL (Ariane 4 Flüssigbooster)

Einsatz

Vier Viking 2 Triebwerke wurden in der Erststufe und ein Viking 4 Triebwerk mit verlängerter Schubdüse in der zweiten Stufe der Ariane 1 verwendet. Das verbesserte Viking 2B Triebwerk wurde in den Erststufen der Ariane 2, 3 eingesetzt. In der Esten Stufe der Ariane 4 kam das nochmals leicht verbesserte Viking 5C Triebwerk zum Einsatz. Das verbesserte Viking 4B Triebwerk, mit großer Schubdüse, wurde dagegen nicht nur in den Zweitstufen von Ariane 2 und 3, sondern auch in der Zweitstufe der Ariane 4 verwendet. Das Viking 6 Triebwerk dagegen hatte wieder eine kleine Schubdüse und wurde von den PAL Flüssigtreibstoffboostern der Ariane 4 verwendet.

Für die Ursprungsversionen Viking 2 und 4 wurden Lizenzen an Indien vergeben, wo die Triebwerke unter dem Namen **Vikas** weiter produziert werden und in verschiedenen Stufen der PSLV und GSLV Raketen zum Einsatz kommen.

Die Viking Triebwerke waren höchst zuverlässig. Nur zweimal waren Vikingtriebwerke am Absturz von Ariane Raketen beteiligt. Beim zweiten Start der Ariane 1 gab es in einem Vikingtriebwerk der ersten Stufe eine Verbrennungsinstabilität, die zum Absturz führte. Beim zweiten Fehlstart dagegen lag der Grund nicht beim Vikingtriebwerk, sondern ein Tuch verstopfte eine Treibstoffleitung eines Viking 6 Triebwerks und führte so bei Flug V 36 zum Absturz einer Ariane 44L.

Quellen

[1] Siehe: Schnittzeichnung (http://www.capcomespace.net/dossiers/espace_europeen/ariane/ariane1/viking 5 ecorche.jpg)

- Hans-Martin Fischer: Europas Trägerrakete ARIANE. *Geschichte und Technik zum letzten Start der ARIANE 4.* Stedinger Verlag, Lemwerder 2004, ISBN 3-927697-32-X
- Verschiedene Autoren etc. *Was ist Was Space ABENTEUER RAUMFAHRT* ©1991 - 1993 - 1994 CNES - SEP für die Texte und Dokumente „L Éspace Comment- ça mache - â quoi ça sert.“ ©1996 Tessloff Verlag ISBN 3-7886-0778-5
- Die Geschichte der Europarakete Ariane (http://www.bernd-leitenberger.de/ariane.shtml)
- Die Geschichte der Ariane 4 (http://www.bernd-leitenberger.de/ariane4.shtml)
- Arianespace Launch Log (http://www.arianespace.com/site/launchlog/sub_main_launchlog01.html)

Weblinks

- CAPCOM ESPACE: LES MOTEURS VIKING (http://www.capcomespace.net/dossiers/espace_europeen/ariane/ariane1/moteur_viking.htm) (französisch)
- Capcom Espace: LES MOTEURS VIKING D'ARIANE 4 (http://www.capcomespace.net/dossiers/espace_europeen/ariane/ariane4/moteur_viking.htm) (französisch)
- Raketentriebwerke aus Vernon (http://www.vernon-visite.org/de/Ariane_rakete_vernon.htm)

Safran_(Unternehmen)

SAFRAN SA	
SAFRAN AEROSPACE · DEFENCE · SECURITY	
Rechtsform	Société Anonyme
ISIN	FR0000073272 [1]
Gründung	2005
Sitz	Paris, Frankreich
Leitung	Jean-Paul Herteman, CEO
Mitarbeiter	54.300 (2010)[2]
Umsatz	10,76 Mrd. Euro (2010)[3]
Branche	Luft- und Raumfahrt Verteidigung Telekommunikation
Website	www.safran-group.com [4]

Safran S.A. ist ein französischer börsennotierter Mischkonzern.

Safran entstand im Jahr 2005 aus der Fusion des vorher weitestgehend im Besitz des französischen Staates befindlichen Aeronautik-Konzerns Snecma und des in Elektronik, Kommunikationstechnik und Rüstungstechnik tätigen Unternehmens Sagem. Safran ist Europas zweitgrösster Hersteller von Flugmotoren.[5]

Finanzdaten

Die Aktien des Unternehmens wurden am 13. Mai 2005 zum ersten Mal an der Pariser Börse gehandelt. Sie war zunächst Bestandteil des CAC Next 20-Indexes, in dem die nach dem Aktienkapital nächsten 20 unter den im CAC40 an der Pariser Börse notierten Unternehmen versammelt sind, und rückte später in den CAC40 auf.

Hauptsitz François-Hussenot in Massy (Essonne), Frankreich.

Unternehmensergebnis

Finanzdaten[6]

Jahr	2003	2004	2005	2006
Umsatz in Milliarden Euro	9,611	10,391	10,577	11,329
Nettoergebnis in Millionen Euro	288	368	501	465

Eigentumsverhältnisse

Insgesamt lassen sich drei große Eigentümergruppen für den Konzern feststellen, dazu gehört der französische Staat mit etwa 30 % Anteil, 20 % gehören Mitarbeitern des Unternehmens und 40 % befinden sich in Streubesitz. Im Jahr 2007 ergab sich folgende Verteilung:[7]

- Französischer Staat: 30,8 %
- Mitarbeiter der Unternehmensgruppe: 19,6 %
- Areva: 7,4 %
- BNP Paribas: 1,7 %
- Streubesitz: 38,6 %

Produkte

Antriebe

Luft- und Raumfahrtantriebe machen mehr als die Hälfte des Umsatzes aus. Zusammen mit General Electric stellt die SAFRAN-Tochter Snecma das Triebwerk CFM 56 her, das in der Boeing 737 und dem Airbus A320 zum Einsatz kommt.

Triebwerk CFM56.

Weitere Töchter im Antriebsbereich sind

- Turboméca: Gasturbinen für Helikopter
- Microturbo: Gasturbinen für unbemannte Luftfahrzeuge, APUs und terrestrische Anwendungen (z. B. Stromerzeugung)
- Snecma Propulsion Solide: Feststoffantriebe für Raumfahrt und militärische Zwecke
- Techspace Aero: Komponenten und Dienstleistungen für Antriebe

Flugzeugausrüstung

In der Produktion von Fahrwerken für Flugzeuge ist der Konzern mit seinem Tochterunternehmen *Messier-Dowty* weltweiter Marktführer. Die Sparte trägt 22 Prozent zum Gesamtumsatz bei. Hierzu gehören:

- Messier-Bugatti-Dowty (bis 2011 getrennt in Messier-Dowty, Messier-Bugatti und Messier Services)
- Aircelle
- Labinal
- Hispano-Suiza
- Teuchos

Kommunikation

In der Kommunikationsbranche produzierte Safran unter der Marke Sagem. Angeboten wurden Handys, DSL-Modems, Empfangsgeräte für digitales Fernsehen und Faxgeräte. 2008 hat sich Safran in 2 Schritten wieder von Sagem getrennt: Im Januar erfolgte der Verkauf von Sagem Communication an die amerikanische Gores-Gruppe, im August wurde Sagem Mobiles an den französischen Finanzinvestor Sofinnova verkauft. Die Sagem Orga GmbH, eine Tochterfirma mit dem Hauptsitz in Paderborn/Deutschland, entwickelt und fertigt Chipkarten für die Bereiche Telekommunikation, Identifikation, Gesundheitswesen und Banking.

Militärtechnik

Mit 12 Prozent am Gesamtumsatz ist die Verteidigungssparte die kleinste Sparte des Konzerns und wird ebenfalls von Sagem versorgt.

Weblinks

- Webpräsenz Safran Group [8]
- Webpräsenz Sagem Défense Sécurité [9]
- Webpräsenz Sagem [10]
- Webpräsenz Sagem Orga GmbH [11]

Quelle

[1] http://en.wikipedia.org/wiki/Tools%3A%7Emagnus%2Fisin.php
[2] http://www.safran-group.com/IMG/pdf/Safran_RA_ENG_-_BAG_14-04-3.pdf
[3] http://www.safran-group.com/IMG/pdf/Safran_RA_ENG_-_BAG_14-04-3.pdf
[4] http://www.safran-group.com/
[5] Andrea Rothman: *Safran's Annual Earnings Rise 27% on Aircraft-Engine Demand* (http://www.businessweek.com/news/2012-02-24/safran-s-annual-earnings-rise-27-on-aircraft-engine-demand.html). In: *Bloomberg Businessweek*, 24. Februar 2012.
[6] Bericht an die Hauptversammlung 2010 auf der Webpräsenz des Unternehmens (frz.) (http://www.safran-group.com/rubrique.php3?id_rubrique=19)
[7] Le Journal des Finances, März 2007
[8] http://www.safran-group.com
[9] http://www.sagem-ds.com
[10] http://www.sagem.com
[11] http://www.sagem-orga.de

Hypergol

Hypergolität ist eine Eigenschaft mancher Raketentreibstoffe, deren Komponenten spontan miteinander reagieren, wenn sie in Kontakt gebracht oder vermischt werden. Der Begriff Hypergole stammt von dem Deutschen Dr. Wolfgang Carl Nöggerath (1908–1973), der diese Bezeichnung für selbstzündende Treibstoffmischungen wie z. B. die der Me 163B zum ersten Mal verwendete.

Fass mit hypergolem Treibstoff für die Raumsonde MESSENGER

Die Komponenten hypergoler Treibstoffe sind meist starke Oxidations- und Reduktionsmittel, die sich bei Kontakt sofort, teilweise explosionsartig, entzünden. Da der Treibstoff nach dem Einspritzen in die Brennkammer sofort reagiert und brennt, kann sich nie zu viel Treibstoff in der Brennkammer ansammeln, bevor das Triebwerk gezündet wird. Die Zündung erfolgt auf jeden Fall, was für Waffensysteme wie Interkontinentalraketen und Oberstufen von Trägerraketen wesentlich ist.

Die Komponenten hypergoler Treibstoffe sind meist giftig, instabil und oft schwierig zu lagern. Bei größeren Waffensystemen ist man daher zu Feststoffboostern übergegangen und verwendet hypergole Treibstoffe nur zur Zündung.

Hydrazin-Derivate mit Distickstofftetroxid sind heute die einzigen hypergolen Treibstoffe, die noch eingesetzt werden. Sie sind zwar giftig, aber da sie ohne Kühlung problemlos lange Zeit lagerfähig sind, werden sie von Satelliten und Raumsonden für ihre Triebwerke verwendet. Auch in manchen Weltraumraketen (hauptsächlich Oberstufen) werden sie verwendet. Bemannte Raumschiffe (z. B. Space Shuttle) verwenden sie ebenfalls meistens für ihre Korrekturtriebwerke.

Beispiele für hypergole Treibstoffe sind:

- Dimethylhydrazin und Distickstofftetroxid (das am weitesten verbreitete Hypergol, z. B. in der Proton (Rakete) verwendet)
- Monomethylhydrazin und Distickstofftetroxid (z. B. in der EPS Oberstufe der Ariane 5 verwendet)
- Dimethylhydrazin und Salpetersäure
- Hydrazin und Salpetersäure
- Anilin und Salpetersäure
- Wasserstoffperoxid und ein Gemisch aus Hydrazinhydrat, Methanol und 13 % Wasser
- hochkonzentriertes Wasserstoffperoxid und Kerosin

Weblinks

- Chemie und Impulserzeugung verschiedener Verbindungen [1]
- Praktisch eingesetzte Chemische Raketentreibstoffe [2]

References

[1] http://www.bernd-leitenberger.de/raktreib1.shtml
[2] http://www.bernd-leitenberger.de/raktreib2.shtml

Distickstofftetroxid

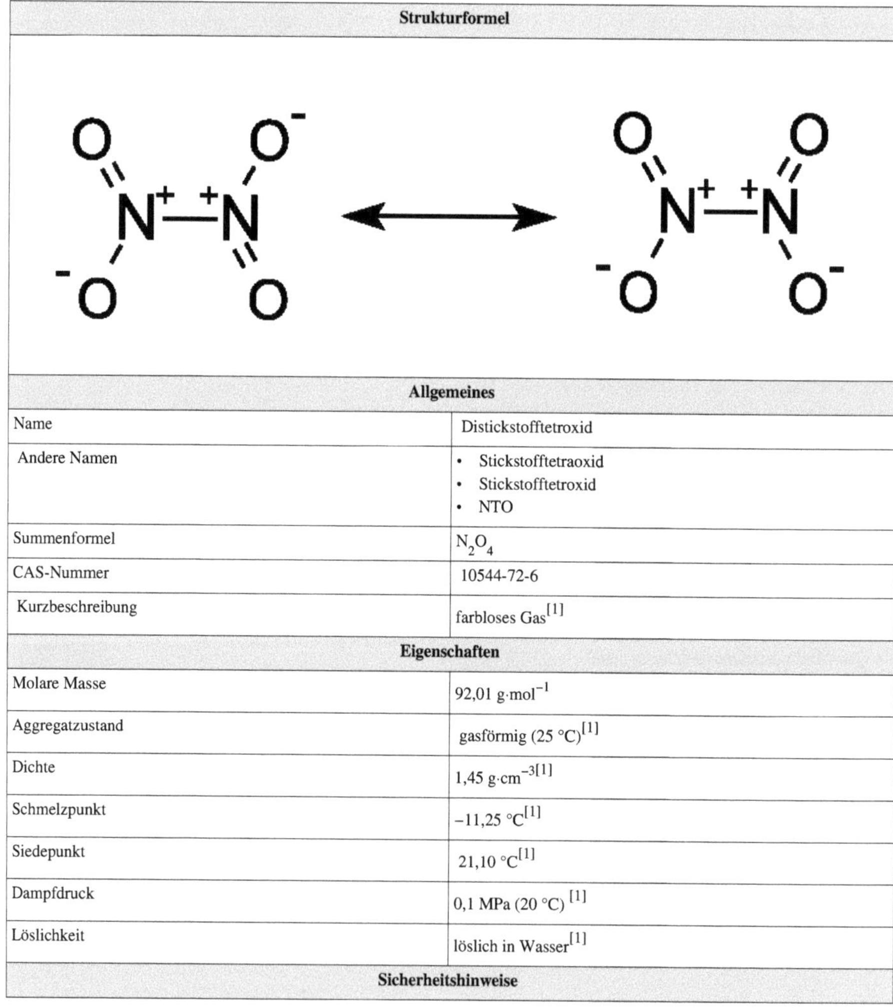

Strukturformel	
Allgemeines	
Name	Distickstofftetroxid
Andere Namen	• Stickstofftetraoxid • Stickstofftetroxid • NTO
Summenformel	N_2O_4
CAS-Nummer	10544-72-6
Kurzbeschreibung	farbloses Gas[1]
Eigenschaften	
Molare Masse	92,01 $g{\cdot}mol^{-1}$
Aggregatzustand	gasförmig (25 °C)[1]
Dichte	1,45 $g{\cdot}cm^{-3}$[1]
Schmelzpunkt	−11,25 °C[1]
Siedepunkt	21,10 °C[1]
Dampfdruck	0,1 MPa (20 °C) [1]
Löslichkeit	löslich in Wasser[1]
Sicherheitshinweise	

GHS-Gefahrstoffkennzeichnung aus EU-Verordnung (EG) 1272/2008 (CLP) [2]

Gefahr

H- und P-Sätze H: 270-330-314

P: 220- 260- 280- 284- 305+351+338- 310 [3]

EU-Gefahrstoffkennzeichnung [4] **aus EU-Verordnung (EG) 1272/2008 (CLP)** [2]

Brand-fördernd **Sehr giftig**

(O) **(T+)**

R- und S-Sätze R: 8-26-34

S: (1/2)-9-26-28-36/37/39-45

Soweit möglich und gebräuchlich, werden SI-Einheiten verwendet. Wenn nicht anders vermerkt, gelten die angegebenen Daten bei Standardbedingungen.

Distickstofftetroxid, N_2O_4, ist bei 25 °C ein farbloses Gas. Es ist das Dimer des Stickstoffdioxids, NO_2, und steht mit diesem in einem druck- und temperaturabhängigen Gleichgewicht.

Distickstofftetroxid wird unter seinem Trivialnamen *Stickstofftetroxid*, beziehungsweise meist unter der englischen Abkürzung *NTO* (von Nitrogen Tetroxide), in der Raumfahrt und Raketentechnik als ohne Kühlung lagerfähiges und hypergol mit Hydrazin und seinen Derivaten reagierendes Oxidationsmittel (Oxidator) verwendet.

Eigenschaften

Distickstofftetroxid ist bei einer Temperatur oberhalb von 21 °C ein ätzendes und stark oxidierend wirkendes Gas. Das farblose, diamagnetische Distickstofftetroxid steht im Gleichgewicht mit dem rotbraunen, paramagnetischen Stickstoffdioxid. In der Gasphase zerfällt ein Molekül N_2O_4 in zwei Moleküle NO_2.

[5]

Je nach Druck und Temperatur liegen unterschiedliche Anteile an beiden Gasen vor. Da Stickstoffdioxid ein rotbraunes Gas ist, ist Distickstofftetroxid meist braun gefärbt. Mit zunehmender Temperatur verschiebt sich das obige Gleichgewicht nach rechts und die braune Färbung vertieft sich. Bei 800 °C ist der Zerfall nahezu vollständig. Die Dissoziationskonstante kann hier über die konzentrationsproportionalen Partialdrücke wiedergegeben werden:[6]

Der Wert der Dissoziationskonstante hängt signifikant von der Temperatur ab.

T in °C	0	8,7	25	35	45	50	86,5	101,5	130,8
K_d [6] in atm	0,0177	0,0374	0,174	0,302	0,628	0,863	7,499	16,18	59,43

Beim Abkühlen kondensiert Distickstofftetroxid und die Flüssigkeit klart auf. In der Nähe des Siedepunktes zeigt die Substanz wegen noch gelöstem Stickstoffdioxid eine braune Färbung. N_2O_4 bildet farblose Kristalle. Auch die Variation des Druckes beeinflusst das Gleichgewicht. Eine Erhöhung des Druckes verschiebt es auf die linke, eine Absenkung auf die rechte Seite (Prinzip vom kleinsten Zwang). Der kritische Punkt von N_2O_4 liegt bei 157,85 °C und 10 MPa.

N_2O_4 als auch NO_2 bilden das gemischte Anhydrid der Salpetersäure und der Salpetrigen Säure. Mit Alkalihydroxidlösungen entstehen Nitrate und Nitrite, z. B:

Herstellung

Distickstofftetroxid ist das Dimer des Stickstoffdioxids, das als Zwischenprodukt bei der großtechnischen Salpetersäuresynthese durch Luftoxidation von Stickstoffmonoxid NO entsteht. Durch Abkühlen dimerisiert Stickstoffdioxid zu Distickstofftetroxid und kann so als Nebenprodukt in einer Salpetersäurefabrik produziert werden. Im Labor kann es analog gewonnen werden oder alternativ durch Reduktion von konzentrierter Salpetersäure mit Kupfer oder durch Erhitzen von Schwermetallnitraten wie Bleinitrat oder Silbernitrat im Sauerstoffstrom.

Verwendung

Distickstofftetroxid wird unter dem Trivialnamen *Stickstofftetroxid* seit den 1950er Jahren in vielen Raketen als ohne Kühlung lagerfähiges Oxidationsmittel (Oxidator) verwendet. Zusammen mit Hydrazinderivaten als Reduktionsmittel bildet es die einzigen bei Träger- und Interkontinentalraketen verwendeten hypergolischen Treibstoffmischungen. So wurde es z. B. zusammen mit Hydrazin und UDMH als Treibstoffgemisch (Aerozin 50) der Mondlandefähren und dem Apollo-Raumschiff im amerikanischen Apollo-Programm für Haupt- und Steuertriebwerke verwendet.

Zuerst wurde Distickstofftetroxid als lagerfähiger Oxidator bei den Interkontinentalraketen der zweiten Generation wie der Titan II verwendet, die dadurch immer vollgetankt und einsatzbereit auf ihren sofortigen Start warten konnten. Danach kam Distickstofftetroxid bei den aus diesen Interkontinentalraketen abgeleiteten Trägerraketen und zahlreichen neu entwickelten Trägerraketen bis heute zum Einsatz. Außerdem ist Distickstofftetroxid neben MON der Standardoxidator von Satelliten und Raumsonden.

Siehe auch

- Stickoxide
- MON
- 1,1-Dimethylhydrazin
- Monomethylhydrazin

Quellen

[1] Eintrag zu *Distickstofftetroxid* (http://gestis.itrust.de/nxt/gateway.dll?f=id$t=default.htm$vid=gestisdeu:sdbdeu$id=001950) in der GESTIS-Stoffdatenbank des IFA, abgerufen am 7. Februar 2007 (JavaScript erforderlich).

[2] Eintrag aus der CLP-Verordnung zu *CAS-Nr. 10544-72-6* (http://gestis.itrust.de/nxt/gateway.dll/gestis_de/001950.xml?f=templates$fn=print.htm#1100) in der GESTIS-Stoffdatenbank des IFA (JavaScript erforderlich)

[3] Datenblatt *Nitrogen dioxide* (http://www.sigmaaldrich.com/catalog/search/ProductDetail//) bei Sigma-Aldrich, abgerufen am 28. März 2011.

[4] Hinweis: Seit 1. Dezember 2012 ist für Stoffe nur noch die GHS-Gefahrstoffkennzeichnung zulässig. Bis zum 1. Juni 2015 dürfen nur noch die R-Sätze aus der EU-Gefahrstoffkennzeichnung für die Einstufung von Zubereitungen mit diesem Stoff herangezogen werden, ansonsten ist die EU-Gefahrstoffkennzeichnung nur noch von historischem Interesse.

[5] Hans-Dieter Jakubke, Ruth Karcher (Hrsg.): *Lexikon der Chemie*, Spektrum Akademischer Verlag, Heidelberg, 2001.

[6] J. Chao; R.C. Wilhoit; B.J. Zwolinski: *Gas phase chemical equilibrium in dinitrogen trioxide and dinitrogen tetroxide* in Thermochim. Acta 10 (1974) 359-371, doi: 10.1016/0040-6031(74)87005-X (http://dx.doi.org/10.1016/0040-6031(74)87005-X).

Literatur

- Ralf Steudel, *Chemie der Nichtmetalle*, 3. Aufl., Walter de Gruyter, Berlin, New York 2008, ISBN 978-3-11-019448-7, Seite 345

1,1-Dimethylhydrazin

Strukturformel	
H CH_3 N—N H CH_3	
Allgemeines	
Name	1,1-Dimethylhydrazin
Andere Namen	• UDMH • Unsymmetrisches Dimethylhydrazin (UDMH) • *N,N*-Dimethylhydrazin
Summenformel	$C_2H_8N_2$
CAS-Nummer	57-14-7
PubChem	5976 [1]
Kurzbeschreibung	farblose, aminartig riechende Flüssigkeit[2]
Eigenschaften	
Molare Masse	60,10 $g \cdot mol^{-1}$
Aggregatzustand	flüssig
Dichte	0,78 $g \cdot cm^{-3}$[2]
Schmelzpunkt	−58 °C[2]
Siedepunkt	63 °C[2]
Dampfdruck	145 hPa (20 °C)[2]
Löslichkeit	mischbar mit Wasser[2]
Brechungsindex	1,4075 (20 °C)[3]
Sicherheitshinweise	

GHS-Gefahrstoffkennzeichnung aus EU-Verordnung (EG) 1272/2008 (CLP) [4]

Gefahr

H- und P-Sätze H: 225-350-331-301-314-411

P: 201- 210- 261- 273- 280- 301+310 [3]

EU-Gefahrstoffkennzeichnung [5] **aus EU-Verordnung (EG) 1272/2008 (CLP)** [4]

Giftig	**Leicht-entzündlich**	**Umwelt-gefährlich**
(T)	**(F)**	**(N)**

R- und S-Sätze R: 45-11-23/25-34-51/53

S: 45-53-61

LD_{50}	• 122 mg·kg^{-1} (oral, Ratte)[6] • 1060 mg·kg^{-1} (dermal, Kaninchen)[6]

Soweit möglich und gebräuchlich, werden SI-Einheiten verwendet. Wenn nicht anders vermerkt, gelten die angegebenen Daten bei Standardbedingungen. Brechungsindex: Na-D-Linie, 20 °C

1,1-Dimethylhydrazin abk. **UDMH** ist ein zweifach methyliertes Derivat des Hydrazins. Im Gegensatz zum symmetrischen Dimethylhydrazin (1,2-Dimethylhydrazin) sind hier beide Methylgruppen am selben Stickstoffatom gebunden.

Geschichte

1,1-Dimethylhydrazin wird seit den 1950er Jahren aufgrund seiner guten Lagerfähigkeit als Raketentreibstoff verwendet. Als Oxidationsmittel dient dazu heute meistens Distickstofftetroxid, davor wurde oft Salpetersäure verwendet.

Gewinnung/Darstellung

1,1-Dimethylhydrazin kann aus einer katalysierten Reaktion zwischen Dimethylamin und Ammoniak hergestellt werden. In Deutschland wird es nicht mehr hergestellt.

Eigenschaften

UDMH ist eine farblose, fischartig riechende Flüssigkeit, die an der Luft raucht. Die Dämpfe von 1,1-Dimethylhydrazin können die Haut und die Schleimhäute (Augen, Atemwege) reizen bzw. bei starker Belastung verätzen. Es hat bei 20 °C eine dynamische Viskosität von $0{,}56 \cdot 10^{-3}$ Pa·s.

Aufgrund seines niedrigen Dampfdrucks und seiner hohen Reaktivität (insbesondere gegenüber Ozon) ist eine weiträumige Verteilung bei Eintrag in die Umwelt nicht zu erwarten; es erfolgt ein schneller Abbau.

Verwendung

- Zur Herstellung von Farbstoffen, Arzneimitteln und Chemiefasern.
- Als Gasabsorptionsmittel für Kohlenstoffdioxid und Schwefeldioxid.
- 1,1-Dimethylhydrazin ist die brennbare Komponente (*Heptyl*, russ.) flüssiger hypergolischer Raketentreibstoffe, wenn es zusammen mit den Oxidatoren Distickstofftetroxid (*Amyl*, russ.) oder RFNA (rauchende Salpetersäure, *AK-27I* oder *Mélange*, russ.) verwendet wird. Die Trägerrakete Proton verwendet 1,1-Dimethylhydrazin als Treibstoff mehrerer bzw. aller Stufen, was bei Fehlstarts zu Verseuchungen im Absturzgebiet führt. Im 1. Golfkrieg eingesetzte sowjetische Scud-Raketen enthielten je 1000 kg UDMH und 3500 kg RFNA.
- 1,1-Dimethylhydrazin wird nicht nur pur, sondern auch gemischt mit Hydrazin als Raketentreibstoff verwendet.[7] Bekannte Gemische mit verschiedener Konzentration der beiden Bestandteile zueinander sind Aerozin 50[8] und UH 25.

Physiologie

1,1-Dimethylhydrazin wird leicht über die Haut aufgenommen und hat sich im Tierversuch als krebserzeugend erwiesen.

Einzelnachweise

[1] http://pubchem.ncbi.nlm.nih.gov/summary/summary.cgi?cid=5976

[2] Eintrag zu *CAS-Nr. 57-14-7* (http://gestis.itrust.de/nxt/gateway.dll?f=id$t=default.htm$vid=gestisdeu:sdbdeu$id=034100) in der GESTIS-Stoffdatenbank des IFA, abgerufen am 1. Januar 2007 (JavaScript erforderlich).

[3] Datenblatt *1,1-Dimethylhydrazin* (http://www.sigmaaldrich.com/catalog/search/ProductDetail//) bei Sigma-Aldrich, abgerufen am 5. März 2011.

[4] Eintrag aus der CLP-Verordnung zu *CAS-Nr. 57-14-7* (http://gestis.itrust.de/nxt/gateway.dll/gestis_de/034100.xml?f=templates$fn=print.htm#1100) in der GESTIS-Stoffdatenbank des IFA (JavaScript erforderlich)

[5] Hinweis: Seit 1. Dezember 2012 ist für Stoffe nur noch die GHS-Gefahrstoffkennzeichnung zulässig. Bis zum 1. Juni 2015 dürfen nur noch die R-Sätze aus der EU-Gefahrstoffkennzeichnung für die Einstufung von Zubereitungen mit diesem Stoff herangezogen werden, ansonsten ist die EU-Gefahrstoffkennzeichnung nur noch von historischem Interesse.

[6] Datenblatt *1,1-Dimethylhydrazin* (http://assets.chemportals.merck.de/documents/sds/emd/deu/de/8104/810408.pdf) bei Merck, abgerufen am 8. Oktober 2004.

[7] Rudolf Meyer: *Explosivstoffe*, 6. Auflage, VCH Verlagsgesellschaft, Weinheim 1985, ISBN 3-527-26297-0, S. 92–93.

[8] Rudolf Meyer: *Explosivstoffe*, 6. Auflage, VCH Verlagsgesellschaft, Weinheim 1985, ISBN 3-527-26297-0, S. 5.

Wasserstoff

Eigenschaften	
$1s^1$ H 1 Periodensystem	
Allgemein	
Name, Symbol, Ordnungszahl	Wasserstoff, H, 1
Serie	Nichtmetalle
Gruppe, Periode, Block	1, 1, s
Aussehen	farbloses Gas
CAS-Nummer	1333-74-0
Massenanteil an der Erdhülle	0,15 %[1]
Atomar [2]	
Atommasse	1,008 (1,00784–1,00811)[3] u
Atomradius (berechnet)	25 (53) pm
Kovalenter Radius	31 pm
Van-der-Waals-Radius	120 pm
Elektronenkonfiguration	$1s^1$
1. Ionisierungsenergie	1312 kJ/mol
Physikalisch [4]	
Aggregatzustand	gasförmig
Dichte	$0{,}0899\ kg \cdot m^{-3}$[5] bei 273 K
Magnetismus	diamagnetisch ($= -2{,}2 \cdot 10^{-9}$)[6]
Schmelzpunkt	14.01 K (-259.14 °C)
Siedepunkt	21,15 K[7] (-252 °C)
Molares Volumen	(fest) $11{,}42 \cdot 10^{-6}\ m^3/mol$
Verdampfungswärme	0,90 kJ/mol[7]
Schmelzwärme	0,558 kJ/mol
Schallgeschwindigkeit	1270 m/s bei 298,15 K
Spezifische Wärmekapazität	14304 J/(kg · K)
Wärmeleitfähigkeit	0,1805 W/(m · K)
Chemisch [8]	
Oxidationszustände	+1, 0, −1
Oxide (Basizität)	H_2O, H_2O_2 (amphoter)

Normalpotential	0 V
Elektronegativität	2,2 (Pauling-Skala)

Isotope

Isotop	NH	$t_{1/2}$	ZA	ZE (MeV)	ZP
^1H	99,9885(70) %	Stabil			
^2H (D)	0,0115(70) %	Stabil			
^3H (T)	10^{-15} %	12,33 a	β^-	0,019	^3He

Weitere Isotope siehe Liste der Isotope

NMR-Eigenschaften

	Spin	γ in $rad \cdot T^{-1} \cdot s^{-1}$	$E_r(^1H)$	f_L bei B = 4,7 T in MHz
^1H	1/2	$26{,}752 \cdot 10^7$	1,00	200
^2H	1	$4{,}107 \cdot 10^7$	$1{,}45 \cdot 10^{-6}$	30,7
^3H	1/2	$28{,}535 \cdot 10^7$	1,21	213,32

Sicherheitshinweise

GHS-Gefahrstoffkennzeichnung aus EU-Verordnung (EG) 1272/2008 (CLP) [9]

Gefahr

H- und P-Sätze H: 220-280

P: 210- 377- 381- 403 [5]

EU-Gefahrstoffkennzeichnung [10] **aus EU-Verordnung (EG) 1272/2008 (CLP)** [9]

Hoch-entzündlich

(F+)

R- und S-Sätze R: 12

S: (2)-9-16-33

Soweit möglich und gebräuchlich, werden SI-Einheiten verwendet.
Wenn nicht anders vermerkt, gelten die angegebenen Daten bei Standardbedingungen.

Wasserstoff ist ein chemisches Element mit dem Symbol H (für lateinisch *hydrogenium* „Wassererzeuger"; von altgriechisch ὕδωρ *hydōr* „Wasser" und γίγνομαι *gignomai* „werden, entstehen") und der Ordnungszahl 1. Im Periodensystem steht es in der 1. Periode und der 1. Gruppe, nimmt also den ersten Platz ein.

Wasserstoff ist das häufigste chemische Element im Universum, jedoch nicht in der Erdrinde. Er ist Bestandteil des Wassers und beinah aller organischen Verbindungen. Somit kommt gebundener Wasserstoff auch in sämtlichen lebenden Organismen vor.

Wasserstoff ist das leichteste der chemischen Elemente. Das häufigste Isotop enthält kein Neutron, besteht aus nur einem Proton sowie einem Elektron und wird auch Protium genannt. Unter Bedingungen, die normalerweise auf der Erde herrschen (siehe auch Normalbedingungen), kommt dieser *atomare Wasserstoff* nicht vor, stattdessen liegt Wasserstoff in der dimerisierten Form vor, dem *molekularen Wasserstoff* H_2, einem farb- und geruchlosen Gas. Dennoch kommt es vor, dass bei bestimmten chemischen Reaktionen Wasserstoff sehr kurz atomar als H, bezeichnet als Status nascendi, auftritt und in dieser hochreaktiven Form besonders gut mit anderen Verbindungen oder Elementen reagiert.

Geschichte

Entdeckt wurde Wasserstoff vom englischen Chemiker und Physiker Henry Cavendish im Jahre 1766, als er mit Metallen (Eisen, Zink und Zinn) und Säuren experimentierte. Cavendish nannte das dabei entstandene Gas wegen seiner Brennbarkeit „inflammable air". Er untersuchte das Gas eingehend und veröffentlichte seine Erkenntnisse darüber noch im selben Jahr.[11]

Antoine Laurent de Lavoisier. Er gab dem Wasserstoff seinen Namen

Eine genauere Analyse geschah durch Antoine Laurent de Lavoisier, der dem Wasserstoff auch seinen Namen gab. Der französische Chemiker entdeckte das Gas im Jahr 1787 unabhängig von Cavendish, als er in einem Experiment zeigen wollte, dass bei chemischen Reaktionen keine Masse verloren geht oder erzeugt wird. Er leitete Wasserdampf in einer abgeschlossenen Apparatur über glühende Eisenspäne und ließ ihn an anderer Stelle kondensieren. Dabei stellte er fest, dass die Masse des kondensierten Wassers etwas geringer war als die der ursprünglichen Menge. Dafür entstand ein Gas, dessen Masse zusammen mit dem Gewichtszuwachs des oxidierten Eisens genau der „verlorengegangenen" Wassermenge entsprach. Sein eigentliches Experiment war also erfolgreich.

Lavoisier untersuchte das entstandene Gas weiter und führte die heute als Knallgasprobe bekannte Untersuchung durch, wobei das Gas verbrannte. Er nannte es daher zunächst „brennbare Luft". Als er in weiteren Experimenten zeigte, dass sich aus dem Gas umgekehrt auch Wasser erzeugen lässt, taufte er es hydro-gène (griechisch: *hydro* = Wasser; *genes* = erzeugend). Das Wort bedeutet demnach: „Wasserbildner". Die deutsche Bezeichnung lässt auf die gleiche Begriffsherkunft schließen.

Vorkommen

Wasserstoff ist das häufigste chemische Element in der Sonne und den großen Gasplaneten Jupiter, Saturn, Uranus und Neptun, die über 99,99 % der Masse des Sonnensystems in sich vereinen. Wasserstoff stellt 75 % der gesamten Masse beziehungsweise 93 % aller Atome des Sonnensystems. Im gesamten Weltall wird (unter Nichtbeachtung dunkler Materie) ein noch höherer Anteil an Wasserstoff vermutet.

Vorkommen im Universum

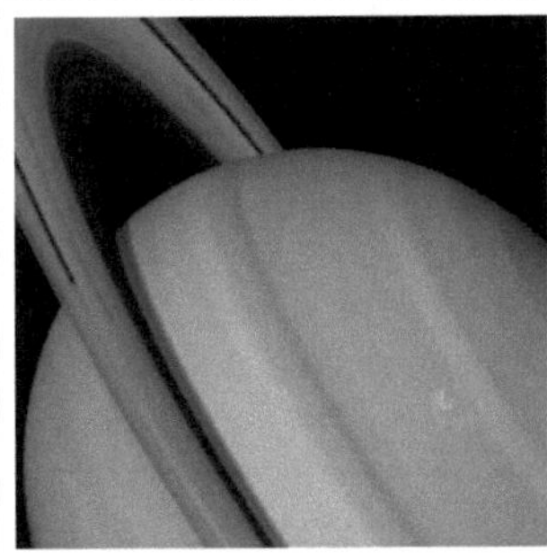

Der Saturn mit seinen Ringen aus Eis und Staub. Der Planet selbst besteht größtenteils aus Wasserstoff und Helium.

Kurz nach der Entstehung des Universums waren nach der mutmaßlichen Vernichtung der Antimaterie durch ein geringes Übermaß der Materie und der Kondensation eines Quark-Gluon-Plasmas zu Baryonen nurmehr Protonen und Neutronen (nebst Elektronen) vorhanden. Bei den vorherrschenden hohen Temperaturen vereinigten sich diese zu leichten Atomkernen, wie ^{2}H und ^{4}He. Die meisten Protonen blieben allerdings unverändert und stellten die zukünftigen ^{1}H-Kerne dar. Nach ungefähr 380.000 Jahren war die Strahlungsdichte des Universums so gering geworden, dass sich Wasserstoff-Atome einfach durch Zusammenschluss der Kerne mit den Elektronen bilden konnten, ohne gleich wieder durch ein Photon auseinander gerissen zu werden.

Mit der weitergehenden Abkühlung des Universums formten sich unter dem Einfluss der Gravitation und ausgehend von räumlichen Dichteschwankungen allmählich Wolken aus Wasserstoffgas, die sich zunächst großräumig zu Galaxien und darin zu Protosternen zusammenballten. Unter dem wachsenden Druck der Schwerkraft setzte schließlich die Kernfusion ein, bei der Wasserstoff zu Helium verschmilzt. So entstanden erste Sterne und auch die Sonne.

Sterne bestehen weit überwiegend aus Wasserstoff-Plasma. Die Kernfusion von Wasserstoff ^{1}H erfolgt hauptsächlich über die Zwischenstufen Deuterium ^{2}H und Tritium ^{3}H zu Helium ^{4}He. Die dabei frei werdende Energie ist die Energiequelle der Sterne. Der in unserer Sonne enthaltene Wasserstoff macht den größten Teil der gesamten Masse unseres Sonnensystems aus.

Aber auch die schweren Gasplaneten bestehen zu großen Teilen aus Wasserstoff, was den Massenanteil des Elements im Sonnensystem weiter erhöht. Unter den extremen Drücken, die in großen Tiefen in den großen Gasplaneten Jupiter und Saturn herrschen, kann er in metallischer Form existieren. Dieser Zustand ist wegen der elektrischen Leitfähigkeit vermutlich für die Ausbildung der planetaren Magnetfelder verantwortlich.

Außerhalb unseres Sonnensystems kommt Wasserstoff auch in gigantischen Gaswolken vor. In den so genannten H-I-Gebieten liegt das Element nichtionisiert und molekular vor. Diese Gebiete emittieren Strahlung von etwa 1420 MHz, die sogenannte 21-cm-Linie, auch HI- oder Wasserstofflinie genannt, die von Übergängen des Gesamtdrehimpulses herrührt. Sie spielt eine wichtige Rolle in der Astronomie und dient dazu, Wasserstoffvorkommen im All zu lokalisieren und zu untersuchen.

Ionisierte Gaswolken mit atomarem Wasserstoff nennt man dagegen H-II-Gebiete. In diesen Gebieten strahlen große Sterne hohe Mengen ionisierende Strahlung ab. Mit ihrer Hilfe lassen sich Rückschlüsse auf die Zusammensetzung der interstellaren Materie ziehen. Wegen ständiger Ionisation und Rekombination der Atome senden sie mitunter sichtbare Strahlung aus, die oft so stark ist, dass man diese Gaswolken mit einem relativ kleinen Fernrohr sehen kann.

Irdische Vorkommen

Auf der Erde ist der Massenanteil wesentlich geringer. Bezogen auf die Erd-Gesamtmasse bestehen etwa 0,12 % und bezogen auf die Erdkruste etwa 2,9 % aus Wasserstoff. Außerdem liegt der irdische Wasserstoff im Gegensatz zu den Vorkommen im All überwiegend gebunden und nur selten in reiner Form als unvermischtes Gas vor. Die bekannteste und am häufigsten auftretende Verbindung ist das Wasser. Neben diesem sind auch Erdgase wie z. B. Methan sowie das Erdöl wichtige wasserstoffhaltige Verbindungen auf der Erde. Auch in mehr als der Hälfte aller bisher bekannten Minerale ist Wasserstoff enthalten.[12]

Der größte Anteil irdischen Wasserstoffs kommt in der Verbindung Wasser vor. In dieser Form bedeckt er über zwei Drittel der Erdoberfläche. Die gesamten Wasservorkommen der Erde belaufen sich auf circa 1,386 Milliarden km^3. Davon entfallen 1,338 Milliarden km^3 (96,5 %) auf Salzwasser in den Ozeanen. Die verbliebenen 3,5 % liegen als Süßwasser vor. Davon befindet sich wiederum der größte Teil im festen Aggregatzustand: in Form von Eis in der Arktis und Antarktis sowie in den Permafrostböden vor allem in Sibirien. Der geringe restliche Anteil ist flüssiges Süßwasser und findet sich meist in Seen und Flüssen, aber auch in unterirdischen Vorkommen, etwa als Grundwasser.

In der Erdatmosphäre liegt Wasserstoff hauptsächlich chemisch gebunden in Form von Wasserdampf vor. Dessen Anteil an der Luft schwankt stark und liegt bei bis zu über 4 Volumenprozent. Er wird als relative Luftfeuchtigkeit gemessen. Diese gibt den Anteil an Wasserdampf im Verhältnis zum temperaturabhängigen Sättigungsdampfdruck an. Beispielsweise entsprechen bei 30 °C Lufttemperatur 100 % Luftfeuchtigkeit 4,2 Volumenprozent Wasserdampf in der Luft.

Die Häufigkeit von molekularem Wasserstoff in der Atmosphäre beträgt nur 0,55 ppm. Dieser niedrige Anteil kann mit der hohen thermischen Geschwindigkeit der Moleküle und dem hohen Anteil an Sauerstoff in der Atmosphäre erklärt werden. Bei der mittleren Temperatur der Atmosphäre bewegen sich die H_2-Teilchen im Durchschnitt mit fast 7.000 km/h. Das ist rund ein Sechstel der Fluchtgeschwindigkeit auf der Erde. Aufgrund der Maxwell-Boltzmann-Verteilung der Geschwindigkeiten der H_2-Moleküle gibt es aber dennoch eine beträchtliche Zahl von Molekülen, welche die Fluchtgeschwindigkeit trotzdem erreichen. Die Moleküle haben jedoch nur eine extrem geringe freie Weglänge, sodass nur Moleküle in den oberen Schichten der Atmosphäre tatsächlich entweichen. Weitere H_2-Moleküle kommen aus darunter liegenden Schichten nach, und es entweicht wieder ein bestimmter Anteil, bis letztlich nur noch Spuren des Elements in der Atmosphäre vorhanden sind. Zudem wird der Wasserstoff in den unteren Schichten der Atmosphäre durch eine photoaktivierte Reaktion mit Sauerstoff zu Wasser verbrannt. Bei einem geringen Anteil stellt sich ein Gleichgewicht zwischen Verbrauch und Neuproduktion (durch Bakterien und photonische Spaltung des Wassers) ein.

Gewinnung

Molekularer Wasserstoff

Einfache chemische Prozesse zur Produktion von H_2 sind die Reaktion verdünnter Säuren mit unedlen Metallen (z. B. Zink) oder die Zersetzung des Wassers durch Alkalimetalle. Diese, im chemischen Laboratorium für kleine Mengen üblichen Methoden, sind aber für die industrielle Herstellung ungeeignet und unwirtschaftlich.

Eine Methode zur industriellen Gewinnung von molekularem Wasserstoff ist die Dampfreformierung. Unter hoher Temperatur und hohem Druck werden Kohlenwasserstoffe mit Wasser umgesetzt. Dabei entsteht Synthesegas, ein Gemisch aus Kohlenstoffmonoxid und Wasserstoff. Das Mengenverhältnis kann dann durch die sogenannte Wassergas-Shift-Reaktion eingestellt werden. Diese Methode wird hauptsächlich für industrielle Hochdrucksynthesen eingesetzt. Die zweite gängige Methode in der Industrie ist die partielle Oxidation. Hierbei reagiert meistens Erdgas mit Sauerstoff unter Bildung von H_2 und Kohlenmonoxid.

Eine alte und effiziente Möglichkeit zur Wasserstoffgewinnung ist die Elektrolyse von Wasser. Dabei wird Wasser mit Hilfe von elektrischem Strom in Wasserstoff und Sauerstoff gespalten.

Wasser wird durch elektrischen Strom in Wasserstoff und Sauerstoff gespalten.

Meist wird dem Wasser ein wenig Säure zur Katalyse der Reaktion zugesetzt. An der Kathode entsteht Wasserstoffgas, an der Anode Sauerstoffgas, im Mol- und Volumenverhältnis 2:1.

Diese Methode wird heute allerdings nur noch in sehr geringem Umfang eingesetzt, vor allem zur Gewinnung von „schwerem Wasser", das sich bei der Elektrolyse im nicht umgesetzten Rest anreichert.

Eine sehr moderne Methode ist das Kværner-Verfahren. Dabei zerlegt ein Plasmabrenner Kohlenwasserstoffe zu Kohlenstoff und Wasserstoff und erreicht dabei enorm hohe Wirkungsgrade. Ein anderes modernes Verfahren bedient sich der Grünalgen. Hier kommen biologische Prozesse zum Einsatz. Die benötigte Energie entnehmen die Algen einfach dem Sonnenlicht. Das Verfahren ist also sehr ökologisch. Allerdings verursacht der Unterhalt der Algen hohe Kosten und ist somit wenig ökonomisch und wird deshalb kaum angewendet.

Forscher am Leibniz-Institut für Katalyse in Rostock stellten 2011 einen neuen Katalysator vor, mit dessen Hilfe sich Bioalkohol zur Wasserstoffgewinnung nutzen lässt. Der Katalysator auf Basis eines Ruthenium-Komplexes zeigt eine bisher unerreicht hohe Effizienz bei der Erzeugung von Wasserstoff aus Alkoholen unter milden Reaktionsbedingungen bei Temperaturen zwischen 60 und 80 °C, wobei die Umsatzrate im Vergleich zu bisherigen Katalysatorsystemen um fast eine Zehnerpotenz höher liegt.[13]

Atomarer Wasserstoff

Atomarer Wasserstoff kann durch Zufuhr der Dissoziationsenergie aus dem molekularen Element erzeugt werden. Methodisch wird dieses bewerkstelligt durch Erhitzung auf mehrere tausend Grad, elektrische Entladung bei hoher Stromdichte und niedrigem Druck, Bestrahlung mit Ultraviolettlicht, Beschuss mit Elektronen bei 10 bis 20 Elektronenvolt oder Mikrowellenstrahlung. Allerdings reagiert atomarer Wasserstoff sehr schnell wieder zu molekularem Wasserstoff. Es stellt sich somit ein Fließgleichgewicht ein, das in der Regel weit auf der Seite des molekularen Wasserstoffs liegt.

[14]

Durch Energiezufuhr dissoziiert molekularer Wasserstoff in die atomare Form.

Zur Darstellung von größeren Mengen atomaren Wasserstoffs sind das Woodsche Darstellungsverfahren (Robert Williams Wood, 1898) und dasjenige von Irving Langmuir, die Langmuir-Fackel besonders geeignet.

Physikalische Eigenschaften

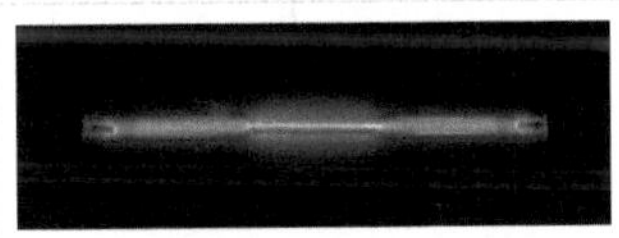

Wasserstoff in einer Entladungsröhre

Wasserstoff ist das Element mit der geringsten Dichte. Molekularer Wasserstoff (H_2, ein Molekül besteht also jeweils aus 2 Wasserstoffatomen) ist etwa 14,4-mal leichter als Luft. Sein Siedepunkt liegt bei 21,15 Kelvin, der Schmelzpunkt bei 14,02 Kelvin (−259 °C). Die Löslichkeit von Wasserstoff in Wasser beträgt 1,6 mg/l.

Einige thermodynamische Eigenschaften (Transportphänomene) sind aufgrund der geringen Molekülmasse und der daraus resultierenden hohen mittleren Geschwindigkeit der Wasserstoffmoleküle (1770 m/s bei 25 °C) von besonderer Bedeutung, (wie z. B. beim Oberth-Effekt-Raketentreibstoff). Wasserstoff besitzt bei Raumtemperatur das höchste Diffusionsvermögen, die höchste Wärmeleitfähigkeit und die höchste Effusionsgeschwindigkeit aller Gase. Eine geringere Viskosität weisen nur drei- oder mehratomige reale Gase wie zum Beispiel *n*-Butan auf.

Die Mobilität des Wasserstoffs in einer festen Matrix ist, bedingt durch den geringen Molekülquerschnitt, ebenfalls sehr hoch. So diffundiert Wasserstoff durch Materialien wie Polyethylen und glühendes Quarzglas. Ein sehr wichtiges Phänomen ist die außerordentlich hohe Diffusionsgeschwindigkeit in Eisen, Platin und einigen anderen Übergangsmetallen, da es dort dann zur Wasserstoffversprödung kommt. In Kombination mit einer hohen

Löslichkeit treten bei einigen Werkstoffen extrem hohe Permeationsraten auf. Hieraus ergeben sich technische Nutzungen zur Wasserstoffanreicherung, aber auch technische Probleme beim Transportieren, Lagern und Verarbeiten von Wasserstoff und Wasserstoffgemischen, da nur Wasserstoff diese räumlichen Begrenzungen durchwandert (siehe Sicherheitshinweise).

Wasserstoff hat ein Linienspektrum und je nach Temperatur des Gases auch im sichtbaren Bereich ein mehr oder weniger ausgeprägtes kontinuierliches Spektrum. Letzteres ist beim Sonnenspektrum besonders ausgeprägt. Die ersten Spektrallinien im sichtbaren Bereich, zusammengefasst in der so genannten Balmer-Serie, liegen bei 656 nm, 486 nm, 434 nm und 410 nm. Daneben gibt es weitere Serien von Spektrallinien im Infrarot- (Paschen-Serie, Brackett-Serie und Pfund-Serie) und eine im Ultraviolettbereich (Lyman-Serie) des elektromagnetischen Spektrums. Eine besondere Bedeutung in der Radioastronomie hat die 21-Zentimeter-Linie in der Hyperfeinstruktur.

Sichtbarer Bereich des Wasserstoff-Spektrums. Es sind sechs Linien der Balmer-Serie sichtbar, da die CCD-Sensoren der Kamera auch ein wenig in den ultravioletten Teil des Spektrums hinein empfänglich sind.

In einem magnetischen Feld verhält sich H_2 sehr schwach diamagnetisch. Das bedeutet, die Dichte der Feldlinien eines extern angelegten Magnetfeldes nimmt in der Probe ab. Die magnetische Suszeptibilität ist bei Normdruck = $-2{,}2 \cdot 10^{-9}$ und typischerweise einige Größenordnungen unter der von diamagnetischen Festkörpern.

Gegenüber elektrischem Strom ist H_2 ein Isolator. In einem elektrischen Feld hat er eine Durchschlagsfestigkeit von mehreren Millionen Volt pro Meter.

Aggregatzustände

Bei Temperaturen unterhalb von 21,15 Kelvin kondensiert Wasserstoff zu einer klaren, farblosen Flüssigkeit. Dieser Zustand wird auch als **LH_2** abgekürzt (engl. *liquid*, „flüssig“). Senkt man die Temperatur weiter, dann geht Wasserstoff bei 14,02 Kelvin (−259,2 °C) in einen schlammartigen Zustand, genannt Slush über, bevor er gefriert und einen kristallinen Festkörper mit hexagonal dichtester Kugelpackung (hcp) bildet, wobei jedes Molekül von zwölf weiteren umgeben ist.

Tank für flüssigen Wasserstoff der Firma Linde, Museum Autovision in Altlußheim

Anders als bei Helium tritt beim Verflüssigen von einfachem Wasserstoff (^{1}H) keine Suprafluidität auf; prinzipiell kann aber das Isotop Deuterium (^{2}H) suprafluid werden.

Der Tripelpunkt des Wasserstoffs, bei dem seine drei Aggregatzustände gleichzeitig vorkommen, ist einer der Fixpunkte der Internationalen Temperaturskala. Er liegt bei einer Temperatur von exakt 13,8033 Kelvin[15] und einem Druck von 7,042 kPa.[15] Der kritische Punkt liegt bei 33,18 K[15] und 13,0 bar[15] , die kritische Dichte beträgt 0,03136 g/cm^3 (die niedrigste kritische Dichte aller Elemente)[16] .

Unter extremen Drücken, wie sie innerhalb von Gasplaneten herrschen, wird wahrscheinlich metallischer Wasserstoff, d. h. in metallischer Form, ausgebildet. Dabei wird er elektrisch leitend (vgl. Leiterbahn).

Atom- und kernphysikalische Eigenschaften

Ein einzelnes Wasserstoffatom besteht aus einem positiv geladenen Kern und einem negativ geladenen Elektron, das über die Coulomb-Wechselwirkung an den Kern gebunden ist. Dieser besteht stets aus einem einzelnen Proton (Hauptisotop ^1H) und seltener je nach Isotop einem oder zwei zusätzlichen Neutronen (^2H bzw. ^3H-Isotop). Das Wasserstoffatom ^1H spielte aufgrund seines einfachen Aufbaus in der Entwicklung der Atomphysik als „Modellatom" eine herausragende Rolle.

So entstand 1913 aus Untersuchungsergebnissen am Wasserstoff das bohrsche Atommodell, mit dessen Hilfe eine vergleichsweise einfache Beschreibung vieler Eigenschaften des Wasserstoffatoms möglich ist. Man stellt sich dazu vor, dass das Elektron den Kern auf einer bestimmten Kreisbahn umläuft. Nach Bohr kann das Elektron auch auf andere, im Abstand zum Kern genau definierte Bahnen springen, so auch auf weiter außen liegende, wenn ihm die dazu nötige Energie zugeführt wird (z. B. durch Stöße im erhitzten Gas oder in der elektrischen Gasentladung). Beim Rücksprung von einer äußeren auf eine innere Bahn wird jeweils eine elektromagnetische Strahlung oder Welle einer bestimmten, der frei werdenden Energie entsprechende Wellenlänge abgegeben. Mit diesem Modell lassen sich die Spektrallinien des H-Atoms erklären, die im sichtbaren Licht bei Wellenlängen von 656 nm, 486 nm, 434 nm und 410 nm liegen (Balmer-Serie); im ultravioletten Bereich liegt die Lyman-Serie mit Wellenlängen von 122 nm, 103 nm, 97 nm und 95 nm. Wichtige Serien im Infraroten sind die Paschen-Serie (1,9 µm; 1,3 µm; 1,1 µm und 1 µm) und die Brackett-Serie (4,1 µm; 2,6 µm; 2,2 µm und 1,9 µm) (in allen Serien sind hier nur die ersten vier Linien angegeben). Das Bohrsche Modell reicht aber bei der Betrachtung von Details und für andere Atome zur Erklärung der dabei beobachteten bzw. gemessenen Phänomene nicht aus.

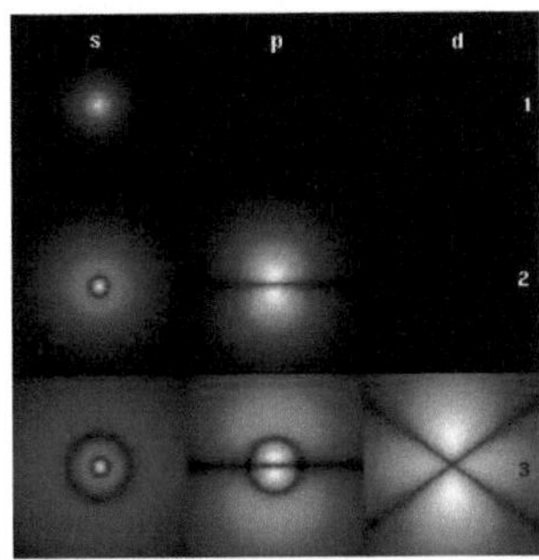

Orbitale des Wasserstoffatoms für verschiedene n- und l-Quantenzahlen

Physikalisch korrekter ist die quantenmechanische Beschreibung, die dem Elektron anstelle der flachen bohrschen Bahnen räumlich ausgedehnte Orbitale zuschreibt. Das H-Atom ist das einzige, für das sich das Eigenwertproblem sowohl der nichtrelativistischen Schrödingergleichung als auch der relativistischen Diracgleichung analytisch, das heißt ohne den Einsatz numerischer Verfahren, lösen lässt. Das ist sonst nur für die ebenfalls ausgiebig untersuchten wasserstoffähnlichen Ionen möglich, denen lediglich ein Elektron verblieben ist (He^+, Li^{2+}, usw. bis U^{91+}).

Andere quantenmechanische Phänomene bewirken weitere Effekte. Die Feinstruktur der Spektrallinien kommt u. a. daher, dass Bahndrehimpuls und Spin des Elektrons miteinander koppeln. Berücksichtigt man darüber hinaus auch den Kernspin, kommt man zur Hyperfeinstruktur. Eine sehr kleine, aber physikalisch besonders interessante Korrektur ist die Lambverschiebung durch elektromagnetische Vakuumfluktuationen. Durch all diese Korrekturen wird bereits das Spektrum des Wasserstoffs zu einem komplexen Phänomen, dessen Verständnis viel theoretisches Wissen in Quantenmechanik und Quantenelektrodynamik erfordert.

Kernspinzustände im H_2-Molekül

Unter normalen Bedingungen ist Wasserstoffgas H_2 ein Gemisch von Molekülen in zwei Zuständen, die sich durch die „Richtung" ihrer Kernspins zueinander unterscheiden. Diese beiden Formen werden als *ortho-* und *para*-Wasserstoff bezeichnet (kurz o- und p-Wasserstoff). Bei o-Wasserstoff haben die Kernspins die gleiche (parallele) Richtung, während sie beim p-Wasserstoff entgegengesetzte (antiparallele) Richtung aufweisen. o-Wasserstoff ist die energiereichere Form. Die beiden Molekülzustände hängen über folgende, temperaturabhängige Gleichgewichtsbeziehung miteinander zusammen:

Die beiden Formen können unter Energieaufnahme bzw. -abgabe ineinander übergehen.

Im reinen Gas dauert bei tiefen Temperaturen die Einstellung des Gleichgewichts Monate, da die Wechselwirkungen zwischen den Kernen und der Hülle extrem schwach sind. Für diese Zeiten liegt damit praktisch eine Mischung von zwei unterschiedlichen Gasen vor. Trotz gleicher chemischer Zusammensetzung H_2 unterscheiden sie sich sogar makroskopisch durch deutlich verschiedenen Temperaturverlauf der spezifischen Wärme. Abgesehen hiervon sind die physikalischen Eigenschaften von o- und p-Wasserstoff aber nur geringfügig verschieden. Beispielsweise liegen der Schmelz- und Siedepunkt der p-Form etwa 0,1 K unter denen der o-Form.

Am absoluten Nullpunkt findet man ausschließlich p-Wasserstoff. Da es für antiparallele Kernspins (Gesamte Spinquantenzahl S=0) nur einen Spinzustand gibt, bei parallelen Kernspins (S=1) aber drei Zustände verschiedener Orientierung im Raum, liegen im Gleichgewicht unter Standardbedingungen 25 % des Wasserstoffs als p-Form und 75 % als o-Form vor. Über diesen Anteil hinaus kann der Anteil der o-Form nicht gesteigert werden.

Bei der industriellen Herstellung von flüssigem Wasserstoff spielt der Übergang zwischen o- und p-Wasserstoff eine wichtige Rolle, weil bei der Temperatur der Verflüssigung das Gleichgewicht schon stark zur p-Form hin tendiert und sich spätestens im flüssigen Zustand dann schnell einstellt. Damit die dabei frei werdende Wärme nicht gleich einen Teil der gewonnenen Flüssigkeit wieder verdampfen lässt, beschleunigt man die Einstellung des neuen Gleichgewichts schon im gasförmigen Zustand durch den Einsatz von Katalysatoren.

Chemische Eigenschaften

Besonderheiten

Im Periodensystem steht Wasserstoff in der I. Hauptgruppe, weil er 1 Valenzelektron besitzt. Ähnlich wie die ebenfalls dort stehenden Alkalimetalle hat er in vielen Verbindungen die Oxidationszahl **+1**. Allerdings sitzt sein Valenzelektron auf der K-Schale, die nur maximal 2 Elektronen haben kann und somit die Edelgaskonfiguration bereits mit 2 Elektronen und nicht mit 8 wie die anderen Schalen erreicht.

Durch Aufnahme eines Elektrons kann er also die Edelgaskonfiguration des Heliums erreichen. Er hat dann die Oxidationszahl **–1** und in Bindungen einen Halogencharakter. Diese Bindungen geht er mit sehr unedlen Metallen ein. Man spricht dann von einem Hydrid.

Diese Stellung quasi „in der Mitte“ zwischen Edelgaskonfigurationen, in der er die gleiche Anzahl Elektronen aufnehmen oder abgeben kann, ist eine Eigenschaft, die der IV. Hauptgruppe ähnelt, was auch seine Elektronegativität erklärt, die eher der des Kohlenstoffs als der des Lithiums gleicht.

Aufgrund dieser „gemäßigten“ Elektronegativität sind die für die I. Hauptgruppe typischen Bindungen des Wasserstoffs in der Oxidationszahl **+1** keine Ionenbindungen wie bei den Alkalimetallen, sondern kovalente Molekülbindungen.

Zusammenfassend sind die Eigenschaften des Wasserstoffs für die I. Hauptgruppe atypisch, da aufgrund der Tatsache, dass die K-Schale nur 2 Elektronen aufnehmen kann, auch teilweise Eigenschaften anderer Gruppen hinzukommen.

Molekularer Wasserstoff

Bei Zündung reagiert Wasserstoff mit Sauerstoff und Chlor heftig, ist sonst aber vergleichsweise beständig und wenig reaktiv. Bei hohen Temperaturen wird das Gas reaktionsfreudig und geht mit Metallen und Nichtmetallen gleichermaßen Verbindungen ein.

Lewisformel des Wasserstoffmoleküls

Mit Chlor reagiert Wasserstoff exotherm unter Bildung von gasförmigem Chlorwasserstoff, der in Wasser gelöst Salzsäure ergibt. Beide Gase reagieren dabei mit gleichen Stoffmengenanteilen:

je ein Chlor- und Wasserstoffmolekül reagieren zu zwei Chlorwasserstoffmolekülen

Diese Reaktion ist unter dem Namen Chlorknallgasreaktion bekannt, die sich schon durch die Bestrahlung mit Licht zünden lässt. Für die Knallgasreaktion (Wasserstoff und Sauerstoff) bedarf es einer Zündung

je ein Sauerstoff- und zwei Wasserstoffmoleküle reagieren zu zwei Wassermolekülen

Die aggressivste Reaktion bei niedrigen Temperaturen geht jedoch Wasserstoff mit Fluor ein. Wird Wasserstoffgas bei –200 °C auf gefrorenes Fluor geleitet, reagieren die beiden Stoffe sofort explosiv miteinander.

je ein Fluor- und Wasserstoffmolekül reagieren zu zwei Fluorwasserstoffmolekülen

Wird der molekulare Wasserstoff ionisiert, so spricht man vom Diwasserstoff-Kation. Dieses Teilchen tritt z.B. in niedertemperatur Plasmaentladungen in Wasserstoff als häufiges Ion auf.

Ionisation durch ein schnelles Elektron im Plasma

Angeregter Wasserstoff

Wasserstoff im *statu nascendi*, d. h. im *Zustand des Entstehens* unmittelbar nach einer Wasserstoff erzeugenden Reaktion, existiert nur für Sekundenbruchteile. Innerhalb dieser Zeitspanne reagieren in der Regel zwei H-Atome miteinander. Aber auch nach diesem Zusammenschluss liegt der Wasserstoff für kurze Zeit in einem angeregten Zustand vor und kann so – abweichend vom „normalen" chemischen Verhalten – für verschiedene Reaktionen genutzt werden, die mit molekularem Wasserstoff nicht möglich sind.

So gelingt es zum Beispiel nicht, mit Hilfe von im Kippschen Apparat erzeugtem Wasserstoffgas, in einer angesäuerten, violetten Kaliumpermanganatlösung ($KMnO_4$) oder gelben Kaliumdichromatlösung ($K_2Cr_2O_7$) den die Reduktion anzeigenden Farbwechsel hervorzurufen. Mit direkt in diesen Lösungen, durch Zugabe von Zinkpulver generiertem Wasserstoff *in statu nascendi* gelingt diese reduktive Farbänderung.

Nascierender Wasserstoff vermag unter sauren Bedingungen violette Permanganatlösung zu entfärben.

Unter sauren Bedingungen wird gelbe Dichromatlösung grün durch die reduktive Wirkung des nascierenden Wasserstoffs.

Atomarer Wasserstoff

Um molekularen Wasserstoff in die Atome zu zerlegen, muss Energie von etwa 4,5 eV pro Molekül oder genauer 436,22 kJ/mol aufgewendet werden (der Chemiker spricht von Enthalpie); beim Zusammenschluss zu Wasserstoffmolekülen (H_2) wird diese Energie wieder freigesetzt:

Zwei H-Atome reagieren zu einem H_2-Molekül und setzen dabei Energie frei.

Das Gleichgewicht dieser Reaktion liegt unter Normalbedingungen vollkommen auf der rechten Seite der dargestellten Gleichung, denn atomarer Wasserstoff reagiert sehr rasch und stark exotherm zu molekularem Wasserstoff (oder mit anderen Reaktionspartnern, wenn solche in der Nähe sind).

Eine Anwendung findet diese Reaktion beim Arcatom-Schweißen.

Auch im Weltraum liegt bei niedrigen Temperaturen in der Regel molekularer Wasserstoff vor. In der Nähe heißer Sterne wird molekularer Wasserstoff jedoch von deren Strahlung aufgespalten, so dass dort die atomare Form überwiegt. Diese ist zwar sehr reaktiv und geht schnell neue Verbindungen ein, vor allem mit anderen Wasserstoffatomen, die jedoch von der Strahlung ebenfalls wieder gespalten werden. *Siehe dazu auch H-II-Gebiet.*

Anmerkung: Wasserstoff in den Sternen liegt nicht nur atomar vor, sondern auch als Plasma: Die Elektronen sind infolge der dort herrschenden hohen Temperaturen je nach Temperatur von den Protonen mehr oder weniger abgetrennt. Die Oberfläche der Sonne hat jedoch nur eine Temperatur von ungefähr 6000 °C. Bei dieser Temperatur ist immer noch der größte Teil des Wasserstoffes nicht ionisiert und sogar molekular, d. h. das Gleichgewicht liegt weit auf der Seite des molekularen Wasserstoffes. Die thermische Energie ist bei 6000 °C weit unter der Energie von 4,5 eV, die zur Auflösung der molekularen Bindung erforderlich ist. Die Sonne ist jedoch in der Korona mit mindestens einer Million Kelvin wesentlich heißer. Daher sind im Sonnenlicht die Übergänge der Elektronen im atomaren Wasserstoff erkennbar. Chemische Verbindungen können sich bei so hohen Temperaturen kaum bilden und zerfallen sofort.

Wasserstoffbrückenbindung

Eine wichtige Eigenschaft des Wasserstoffs ist die so genannte Wasserstoffbrückenbindung, eine anziehende elektrostatische Kraft zwischen zwei Molekülen. Ist H an ein stark elektronegatives Atom, wie zum Beispiel Fluor oder Sauerstoff, gebunden, so befindet sich sein Elektron eher in der Nähe des Bindungspartners. Es tritt also eine Ladungsverschiebung auf und das H-Atom wirkt nun positiv polarisiert. Der Bindungspartner wirkt entsprechend negativ. Kommen sich zwei solche Moleküle nahe genug, tritt eine anziehende elektrische Kraft zwischen dem positiven H-Atom des einen Moleküls und des negativen Teils des jeweiligen Partners auf. Das ist eine Wasserstoffbrückenbindung.

Da die Wasserstoffbrückenbindung mit nur 17 kJ/mol bis 167 kJ/mol[17] schwächer ist als die Bindungskraft innerhalb eines Moleküls, verbinden sich die Moleküle nicht dauerhaft. Vielmehr bleibt die Wasserstoffbrücke wegen ständiger Bewegung nur Bruchteile einer Sekunde bestehen. Dann lösen sich die Moleküle voneinander, um erneut eine Wasserstoffbrückenbindung mit einem anderen Molekül einzugehen. Dieser Vorgang wiederholt sich ständig.

Die Wasserstoffbrückenbindung ist für viele Eigenschaften verschiedener Verbindungen verantwortlich, wie etwa DNA oder Wasser. Bei Letzterem führen diese Bindungen zu den Anomalien des Wassers, insbesondere der Dichteanomalie.

Anmerkung: Die Wasserstoffbrückenbindung sollte nicht mit der *Van-der-Waals-Bindung* verwechselt werden, die auf ungleichmäßigen Ladungsverteilungen bei *nicht* polaren Molekülen beruht und unter anderem für den Schmelz- oder Siedepunkt einen Stoffes verantwortlich ist.

Isotope

Es existieren drei natürlich vorkommende Isotope des Wasserstoffs. Von allen Elementen unterscheiden sich beim Wasserstoff – wenn auch nur geringfügig – die Isotope in ihren chemischen Reaktionsfähigkeiten am meisten. Das liegt an dem vergleichsweise großen Unterschied der Atommasse (Deuterium doppelt, Tritium dreimal so schwer wie Wasserstoff ^{1}H). In jüngerer Zeit gelang es, vier weitere Wasserstoffisotope nachzuweisen (^{4}H, ^{5}H, ^{6}H und ^{7}H).[18] Diese haben aber alle eine sehr kurze Lebensdauer (< 10^{-21} s).

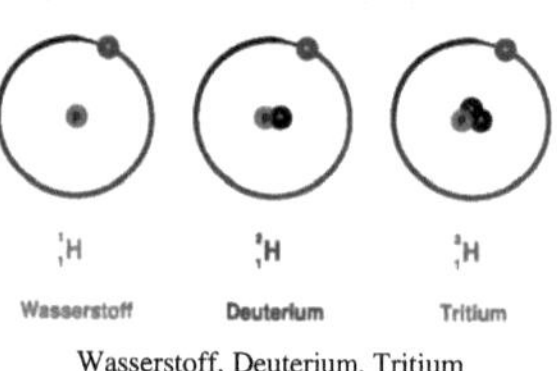

Wasserstoff, Deuterium, Tritium

Isotop	Name	Symbol	Eigenschaften
^{1}H	Protium	H	Das einfachste Wasserstoff-Isotop ^{1}H besitzt keine Neutronen im Kern und wird gelegentlich **Protium** genannt. Es hat mit einer relativen Häufigkeit von 99,99 % den weitaus größten Anteil am irdisch vorkommenden Wasserstoff. Es ist nicht radioaktiv, also stabil.
^{2}H	Deuterium	D	Das Isotop ^{2}H hat neben dem Proton ein Neutron im Kern. Man bezeichnet es als Deuterium. Für Deuterium gibt es das D als ein eigenes Elementsymbol. Verwendung findet es z. B. als Bestandteil von Lösungsmitteln für die ^{1}H-NMR Spektroskopie, da es dabei kein störendes Nebensignal liefert. Es macht 0,0115 % aller Wasserstoffatome aus (nach IUPAC). Deuterium ist ebenfalls stabil.

^3H	Tritium	T	Tritium ist das dritte natürlich vorkommende Isotop des Wasserstoffs. Es hat aber nur einen verschwindenden Anteil am gesamten in der Natur vorkommenden Wasserstoff. Tritium besitzt zwei Neutronen und wird mit ^3H oder T gekennzeichnet. Tritium ist radioaktiv und zerfällt durch Betazerfall (β^-) mit einer Halbwertszeit von 12,32 Jahren in ^3He. Tritium wird durch Kernreaktionen in der oberen Erdatmosphäre ständig als kosmogenes Radionuklid gebildet.[19] Bei einem Gleichgewicht von natürlicher Produktion und Zerfall ergibt sich, entsprechend der Quelle, ein Inventar von 3,5 kg auf der Erde. Tritium kann in Oberflächenwassern und in Lebewesen nachgewiesen werden. Durch Kernwaffentests ist die Konzentration des Tritiums in der Atmosphäre nach 1950 deutlich angestiegen.

Exotische Isotope

Durch die Einbeziehung von Myonen, negativ geladenen instabilen Elementarteilchen mit ungefähr 10% der Masse eines Protons, können exotische kurzlebige Strukturen erstellt werden, die sich chemisch wie ein Wasserstoffatom verhalten.[20] Da Myonen selten natürlich vorkommen und ihre Lebensdauer lediglich 2 µs beträgt werden solche Wasserstoffisotope künstlich an Teilchenbeschleunigern hergestellt.

Das Myonium besteht aus einem Elektron und einem positiv geladenen Antimyon, das die Rolle des Protons (also des Atomkerns) einnimmt. Auf Grund seiner Kernladungszahl von 1 e handelt es sich bei Myonium chemisch um Wasserstoff. Wegen der geringen Atommasse von 0,1 u (1/10 von H) treten Isotopeneffekte bei chemischen Reaktionen besonders stark in Erscheinung, so dass damit Theorien für Reaktionsmechanismen gut überprüft werden können.[20]

Ein exotischer Wasserstoff mit einer Masse von 4,1 u entsteht, wenn in einem ^4He-Atom eines der Elektronen durch ein *Myon* ersetzt wird. Auf Grund seiner gegenüber dem Elektron wesentlich höheren Masse ist das Myon dicht am He-Kern lokalisiert und schirmt eine der beiden Elementarladungen des Kerns ab. Zusammen bilden He-Kern und Myon effektiv einen Kern mit einer Masse von 4,1 u und einer Ladung von 1 e, so dass es sich chemisch um Wasserstoff handelt.[20]

Verwendung

Jedes Jahr werden weltweit mehr als 600 Milliarden Kubikmeter Wasserstoff (rd. 30 Mio. t) für zahllose Anwendungen in Industrie und Technik produziert. Wichtige Einsatzgebiete sind:

- *Energieträger*: Beim Schweißen, als Raketentreibstoff. Von seiner Verwendung als Kraftstoff für Strahltriebwerke, in Wasserstoffverbrennungsmotoren oder über Brennstoffzellen verspricht man sich, in absehbarer Zeit die Nutzung von Erdölprodukten ablösen zu können (siehe Wasserstoffantrieb), weil bei der Verbrennung nur Wasser entsteht und kein Kohlenstoffdioxid. Wasserstoff ist jedoch im Gegensatz zu Erdöl keine Primärenergie.
- *Kohlehydrierung*: Durch verschiedene chemische Reaktionen wird Kohle mit H_2 in flüssige Kohlenwasserstoffe überführt. So lassen sich Benzin, Diesel und Heizöl künstlich herstellen.

  Momentan haben beide vorgenannten Verfahren wegen höherer Kosten noch keine wirtschaftliche Bedeutung. Das könnte sich aber drastisch ändern, sobald die Ölvorräte der Erde zur Neige gehen.
- *Reduktionsmittel*: H_2 kann mit Metalloxiden reagieren und ihnen dabei den Sauerstoff entziehen. Es entsteht Wasser und das reduzierte Metall. Das Verfahren wird bei der Verhüttung von metallischen Erzen angewandt, insbesondere um Metalle möglichst rein zu gewinnen.
- Mit dem Haber-Bosch-Verfahren wird aus Stickstoff und Wasserstoff Ammoniak hergestellt und daraus wichtige Düngemittel und Sprengstoffe.
- *Fetthärtung*: Gehärtete Fette werden oft aus Pflanzenöl mittels Hydrierung gewonnen. Dabei werden die Doppelbindungen in den Fettsäure-Ketten der Fettmoleküle mit Wasserstoff abgesättigt. Die entstandenen Fette haben einen höheren Schmelzpunkt, wodurch das Produkt fest wird. Auf diese Weise stellt man Margarine her. Dabei können sich auch so genannte *trans*-Fettsäuren bilden.
- *Lebensmittelzusatzstoff*: Wasserstoff ist als E 949 zugelassen und wird als Treibgas, Packgas u.ä. verwendet.[21]

- *Kühlmittel*: Aufgrund seiner hohen Wärmekapazität benutzt man Wasserstoff in Kraftwerken und den dort eingesetzten Turbogeneratoren als Kühlmittel. Insbesondere setzt man H_2 dort ein, wo eine Flüssigkeitskühlung problematisch werden kann. Die Wärmekapazität kommt dort zum Tragen, wo das Gas nicht oder nur langsam zirkulieren kann. Weil die Wärmeleitfähigkeit ebenfalls hoch ist, verwendet man strömendes H_2 auch zum Abtransport von thermischer Energie in große Reservoire (z. B. Flüsse). In diesen Anwendungen schützt Wasserstoff die Anlagen vor Überhitzung und erhöht die Effizienz.
- *Kryogen*: Wegen der hohen Wärmekapazität eignet sich flüssiger Wasserstoff als Cryogen, also als Kühlmittel für extrem tiefe Temperaturen. Auch größere Wärmemengen können von flüssigem Wasserstoff gut absorbiert werden, bevor eine merkliche Erhöhung in seiner Temperatur auftritt. So wird die tiefe Temperatur auch bei äußeren Schwankungen aufrechterhalten.
- *Traggas*: In Ballons und Luftschiffen fand Wasserstoff eine seiner ersten Verwendungen. Wegen der leichten Entzündlichkeit von H_2-Luft-Gemischen führte dies jedoch wiederholt zu Unfällen. Die größte Katastrophe in diesem Zusammenhang ist wohl das Unglück der „Dixmude“ 1923, am bekanntesten wurde sicherlich die „Hindenburg-Katastrophe“ im Jahr 1937. Wasserstoff als Traggas wurde mittlerweile durch Helium ersetzt und erfüllt diesen Zweck nur noch in sehr speziellen Anwendungen.

Die beiden natürlichen Isotope haben spezielle Einsatzgebiete.

Deuterium findet (in Form von schwerem Wasser) in Schwerwasserreaktoren als Moderator Verwendung, d. h. zum Abbremsen der bei der Kernspaltung entstehenden schnellen Neutronen auf thermische Geschwindigkeit.

Deuterierte Lösungsmittel werden in der magnetischen Kernresonanzspektroskopie benutzt, da Deuterium einen Kernspin von Eins besitzt und im NMR-Spektrum des normalen Wasserstoff-Isotops nicht sichtbar ist.

In der Chemie und Biologie helfen Deuteriumverbindungen bei der Untersuchung von Reaktionsabläufen und Stoffwechselwegen (Isotopenmarkierung), da sich Verbindungen mit Deuterium chemisch und biochemisch meist nahezu identisch verhalten wie die entsprechenden Verbindungen mit Wasserstoff. Die Reaktionen werden von der Markierung nicht gestört, der Verbleib des Deuteriums ist in den Endprodukten dennoch feststellbar.

Ferner sorgt der erhebliche Massenunterschied zwischen Wasserstoff und Deuterium für einen deutlichen Isotopeneffekt bei den massenabhängigen Eigenschaften. So hat das schwere Wasser einen messbar höheren Siedepunkt als Wasser.

Das radioaktive Isotop **Tritium** wird in Kernreaktoren in industriell verwertbaren Mengen hergestellt. Außerdem ist es neben Deuterium ein Ausgangsstoff bei der Kernfusion zu Helium. In der zivilen Nutzung dient es in Biologie und Medizin als radioaktiver Marker. So lassen sich beispielsweise Tumorzellen aufspüren. In der Physik ist es einerseits selbst Forschungsgegenstand, andererseits untersucht man mit hochbeschleunigten Tritiumkernen schwere Kerne oder stellt künstliche Isotope her.

Mit Hilfe der Tritiummethode lassen sich Wasserproben sehr genau datieren. Mit einer Halbwertszeit von etwa zwölf Jahren eignet es sich besonders für die Messung relativ kurzer Zeiträume (bis zu einigen hundert Jahren). Unter anderem lässt sich so das Alter eines Weines feststellen.

Es findet auch Verwendung als langlebige, zuverlässige Energiequelle für Leuchtfarben (im Gemisch mit einem Fluoreszenzfarbstoff), vor allem in militärischen Anwendungen, aber auch in Armbanduhren. Weitere militärische Verwendung findet das Isotop in der Wasserstoffbombe und gewissen Ausführungen von Kernwaffen, deren Wirkung auf Spaltung beruht.

Wasserstoff als Energiespeicher

Wasserstoff gilt als Energieträger der Zukunft.[22] (→ *Siehe auch Hauptartikel: Wasserstoffwirtschaft)*

Wasserstoff als Energieträger verursacht keine schädlichen Emissionen, insbesondere kein Kohlendioxid, wenn er aus erneuerbaren Energien wie Wind, Sonne oder Biomasse gewonnen wird. Derzeit (2012) erfolgt die Wasserstoffherstellung fast ausschließlich aus fossilen Primärenergien, vorrangig Erdgas. (→ *Siehe auch Abschnitt: Herkunft des Wasserstoffes aktuell)*

Wasserstoffgas enthält mehr Energie pro Gewichtseinheit als jeder andere chemische Brennstoff. Wasserstoff ist, wie auch elektrische Energie, keine Primärenergie sondern muss, analog zur Stromerzeugung, aus Primärenergie hergestellt werden. (→ *Siehe auch Hauptartikel: Wasserstoffherstellung)*

Die technischen Probleme bei der Speicherung von Wasserstoff gelten heute als gelöst. Verfahren wie Druck- und Flüssigwasserstoffspeicherung und die Speicherung in Metallhydriden befinden sich im kommerziellen Einsatz. Daneben existieren weitere Verfahren, die sich noch im Stadium der Entwicklung oder in der Grundlagenforschung befinden. (→ *Siehe auch Hauptartikel: Wasserstoffspeicherung)*

Die verschiedenen Speichermethoden werden nach ihren Eigenschaften und den spezifischen Anforderungen der Fahrzeuge (z. B. PKW, Bus, Schiff, Flugzeug) eingesetzt:

- die Speicherung von gasförmigem Wasserstoff in Druckbehältern,
- die Speicherung von flüssigem Wasserstoff in vakuumisolierten Behältern,
- die Einlagerung von Wasserstoff in Metallhydriden oder in Kohlenstoff-Nanoröhren.

Die ersten beiden Methoden erlauben eine einfache Wiedergewinnung des Wasserstoffs. Drucktanks aus kohlenstofffaserverstärktem Kunststoff mit bis zu 800 bar sind Behälter die allen Sicherheitsanforderungen der Fahrzeughersteller entsprechen[23] und vom TÜV abgenommen sind.[24]

Da sich das Sicherheitsventil für Überdruck innerhalb des Tanks befindet, wird Wasserstoff im Notfall schrittweise abgegeben und verflüchtigt sich schnell. Wenn eine Zündquelle in der Nähe ist, kann sich der Wasserstoff entzünden, verbrennt aber schnell und mit geringer Wärmeabstrahlung. Eine Explosion ist nahezu unmöglich, da die Konzentration des Wasserstoffs in der Luft nicht ausreicht. Reiner Wasserstoff ist nicht explosiv.

Speicherung in Hydriden oder Nanoröhren stellen die sichersten Methoden dar. Die Tanks sind allerdings schwerer, in einem 200-kg-Tank können nur etwa 2 kg Wasserstoff gespeichert werden, was energetisch etwa 8 Litern Benzin entspricht. Auch ist die Rückgewinnung gasförmigen Wasserstoffs durch Wärmezuführung aufwändiger. Diese Form der Speicherung ist kostenintensiver als die Speicherung in Druck- und Flüssiggastanks.

Energiedichten im Vergleich

Auf die Masse bezogen:[25]

- Wasserstoff: 33,3 kWh/kg
- Erdgas: 13,9 kWh/kg
- Benzin: 12,7 kWh/kg

Auf das Volumen bezogen:

- Wasserstoff (flüssig): 2360 kWh/m³
- Benzin: 8760 kWh/m³
- Erdgas (20 MPa): 2580 kWh/m³
- Wasserstoffgas (20 MPa): 530 kWh/m³
- Wasserstoffgas (Normaldruck): 3 kWh/m³

Kernfusion

Am 31. Oktober 1952 wurde erstmalig von Menschenhand Energie durch Kernfusion freigesetzt – in der Wasserstoffbombe „Ivy Mike“

Schon bald nach den Anfängen der Kernphysik im ersten Viertel des 20. Jahrhunderts wurde die Aufmerksamkeit der Physiker auf die Energiegewinnung gelenkt. Neben der Kernspaltung wurde auch der Weg einer Verschmelzung der Kerne, die Kernfusion, erforscht. Die ersten gefundenen Reaktionen sind die Proton-Proton-Reaktionen, bei denen Wasserstoffkerne direkt zu Helium verschmelzen. Das konnte die Energiegewinnung in leichten Sternen, wie unserer Sonne, größtenteils erklären. Zwischen 1937 und 1939 entwickelten Hans Bethe und Carl Friedrich von Weizsäcker eine Theorie zur Kernfusion in sehr schweren Sternen, den nach ihnen benannten Bethe-Weizsäcker-Zyklus. Darin spielt Wasserstoff die überwiegende Rolle in der Energiegewinnung. Er wird aber nicht direkt zu Helium verschmolzen, sondern fusioniert in verschiedenen Reaktionen mit Kohlenstoff, Stickstoff und Sauerstoff. Am Ende des Zyklus entsteht Helium; die anderen Elemente wirken als Katalysatoren.

Während des Kalten Krieges bauten die Großmächte ihre nuklearen Waffenarsenale aus. Der Schritt zu den Fusionswaffen gelang zuerst den USA: basierend auf der Atombombe, die ihre Energie aus der Kernspaltung bezieht, konstruierten amerikanische Forscher unter Edward Teller die Wasserstoffbombe. In ihr wird durch die Kernfusion ein Vielfaches der Energie einer Uranbombe freigesetzt. 1952 testen die Vereinigten Staaten die erste Wasserstoffbombe auf einer kleinen Pazifikinsel. Brennstoff war allerdings nicht Wasserstoff, sondern das Isotop Deuterium. Es war die erste vom Menschen erzeugte Kernfusion. In der Bombe liefen vor allem folgende Kernreaktionen ab:

Das entstandene Tritium und Helium-3 können noch weiter reagieren:

In Summe entstehen aus drei Deuteronen ein Heliumkern sowie ein Neutron und ein Proton.

Da Deuterium wie Wasserstoff schwer zu speichern ist, wird bei den meisten Fusionswaffen inzwischen auf Lithium-Deuterid LiD als Brennstoff zurückgegriffen. Durch die bei der Primärreaktion von Deuterium entstehenden Neutronen wird aus dem Lithium Tritium erbrütet:

Der Neutronenbeschuss von Lithium erzeugt Helium und den Fusionsbrennstoff Tritium.

Bei der Reaktion mit Lithium-6 wird zudem noch Energie frei, während die Reaktion mit Lithium-7 Energie verbraucht, dafür aber wieder ein Neutron erzeugt, das für die weitere Tritium-Produktion zur Verfügung steht.

Physiker forschen aber auch an einer friedlichen Nutzung der Kernverschmelzung. Früh entwickelten sie verschiedene Vorschläge zur Energiegewinnung durch Fusion. Die gewaltigen Temperaturen, die zu einer Kernfusion nötig sind, bereiten bei einer kontrollierten Reaktion aber nach wie vor Schwierigkeiten. Vor einigen Jahrzehnten wurden die ersten Forschungsreaktoren errichtet, die Wasserstoff zu Helium verschmelzen sollen. Mittlerweile existieren einige dieser Vorrichtungen; beispielsweise JET und ITER (international, in Planung) in Europa, ein deutscher Tokamak-Reaktor in Garching sowie der Stellarator Wendelstein 7-X, welcher derzeit am Max-Planck-Institut für Plasmaphysik (IPP) in Greifswald aufgebaut wird.

Falls diese Experimente an den Forschungsanlagen erfolgreich verlaufen, sollen die gewonnenen Erkenntnisse für den Bau eines Demonstrationskraftwerks (DEMO) dienen. Die gegenwärtigen Planungen gehen von der Inbetriebnahme von DEMO etwa 2030 und der möglichen kommerziellen Nutzung ab etwa 2050 aus. Diese kommerziellen Reaktoren werden aber anders als Wasserstoffbomben voraussichtlich nur die Deuterium-Tritium-Reaktion zur Energiegewinnung nutzen können, und sind somit unbedingt auf Lithium zur Erbrütung des eigentlichen Brennstoffs Tritium angewiesen. Während Deuterium über die Weltmeere in fast beliebiger Menge zur Verfügung steht, sind die bekannten Lithium-Vorräte beschränkt.

Kernfusion in Sonne und Sternen

Mit Wasserstoffbrennen wird die Kernfusion von Wasserstoff in Helium im Inneren von Sternen (oder im Fall einer Nova, auf der Oberfläche eines Weißen Zwergs) bezeichnet. Diese Reaktion stellt in normalen Sternen während des Großteils ihres Lebenszyklus die wesentliche Energiequelle dar. Sie hat trotz ihres historisch bedingten Namens nichts mit einer chemischen Verbrennung zu tun.

Der Prozess der Kernfusion kann beim Wasserstoffbrennen auf zwei Arten ablaufen, bei denen auf verschiedenen Wegen jeweils vier Protonen, die Atomkerne des Wasserstoffs, in einen Heliumkern ^4He umgewandelt werden:

- die relativ direkte Proton-Proton-Reaktion
- der schwere Elemente (Kohlenstoff, Stickstoff, Sauerstoff) nutzende Bethe-Weizsäcker-Zyklus (*CNO-Zyklus*)

Für die exakte Berechnung der freigesetzten Energie ist zu berücksichtigen, dass in Teilreaktion der Proton-Proton-Reaktion und auch des Bethe-Weizsäcker-Zyklus zwei Positronen freigesetzt werden, die bei der Annihilation mit einem Elektron 1,022 MeV entsprechend den Ruhemassen von Elektron und Positron freisetzen. Zur Massendifferenz der vier Protonen und des Heliumkerns ist folglich die zweifache Elektronenmasse zu addieren. Diese Massendifferenz ist identisch der Differenz der vierfachen Atommasse von Protium, Wasserstoff bestehend aus Protonen und Elektronen und der Atommasse von ^4He. Diese Atommassen sind näherungsweise aber nicht exakt identisch mit den Atommassen von Wasserstoff und Helium, da es verschiedene Isotope dieser Elemente gibt. Ferner verlässt ein kleiner Teil der Energie die Sonne in Form von Neutrinos.

Insgesamt wird beim Wasserstoffbrennen etwa 0,73 % der Masse in Energie umgewandelt, was man als Massendefekt bezeichnet. Die aus der Massendifferenz erzeugte Energie ergibt sich aus der einsteinschen Beziehung $E = mc^2$. Sie resultiert aus der Kernbindungsenergie der Nukleonen, der Kernbausteine.

Die Fusion von Wasserstoff zu Helium ist am ergiebigsten; die nächste Stufe stellarer Fusionsreaktionen, das Heliumbrennen, setzt pro erzeugtem Kohlenstoffkern nur noch etwa ein Zehntel dieser Energie frei.

Biologische Bedeutung

Wasserstoff ist in Form verschiedenster Verbindungen essentiell für alle bekannten Lebewesen. An vorderster Stelle zu nennen ist hier Wasser, welches als Medium für alle zellulären Prozesse und für alle Stofftransporte dient. Zusammen mit Kohlenstoff, Sauerstoff, Stickstoff (und seltener auch anderen Elementen) ist er Bestandteil derjenigen Moleküle aus der organischen Chemie, ohne die jegliche uns bekannte Form von Leben schlicht unmöglich ist.

Wasserstoff spielt im Organismus auch aktive Rollen, so bei einigen Koenzymen wie z. B. Nicotinamid-Adenin-Dinucleotid (NAD/NADH), die als Reduktionsäquivalente (oder „Protonentransporter“) im Körper dienen und bei Redoxreaktionen mitwirken. In den Mitochondrien, den Kraftwerken der Zelle, dient die Übertragung von Wasserstoffkationen (Protonen) zwischen verschiedenen Molekülen der so genannten Atmungskette dazu, ein Potential, einen Protonengradienten, zur Generierung von energiereichen Verbindungen wie Adenosintriphosphat (ATP) bereitzustellen. Bei der Photosynthese in Pflanzen und Bakterien wird der Wasserstoff aus dem Wasser dazu benötigt, das fixierte Kohlendioxid in Kohlenhydrate umzuwandeln.

Bezogen auf die Masse ist Wasserstoff im menschlichen Körper das drittwichtigste Element: Bei einer Person mit einem Körpergewicht von 70 kg, sind rund 7 kg (= 10 Gew.-%) auf den enthaltenen Wasserstoff zurückzuführen. Nur Kohlenstoff (ca. 20 Gew.-%) und Sauerstoff (ca. 63 Gew.-%) machen einen noch größeren Gewichtsanteil aus. Bezogen auf die Anzahl der Atome ist der sehr leichte Wasserstoff sogar das mit Abstand häufigste Atom im Körper eines jeden Lebewesens. (Die 7 kg beim Menschen entsprechen $3{,}5 \cdot 10^3$ Mol Wasserstoff mit je $2 \cdot 6 \cdot 10^{23}$ Atomen, das sind rund $4{,}2 \cdot 10^{27}$ Wasserstoffatome).

Medizinische Bedeutung

In biologischen Systemen reagiert molekularer Wasserstoff mit reaktiven Sauerstoffspezies und wirkt so als Antioxidans. Im Tierversuch führt die Anreicherung von Trinkwasser mit molekularem Wasserstoff nach Nierentransplantation zu einem besseren Überleben des Transplantates, zu einem verminderten Auftreten einer chronischen Schädigung des Transplantates, zu einer Verminderung der Konzentration an reaktiven Sauerstoffspezies und zu einer Hemmung von Signalwegen, welche die entzündliche Aktivität verstärken (proinflammatorische Signalwege).[26]

Sicherheitshinweise

Wasserstoff ist hochentzündlich; es reagiert mit reinem Sauerstoff oder Luft sowie mit anderen gasförmigen Oxidationsmitteln wie Chlor oder Fluor mit heißer Flamme. Da die Flamme kaum sichtbar ist, kann man unabsichtlich hinein geraten.[27] Gemische mit Chlor oder Fluor sind schon durch UV-Licht entzündlich (siehe *Chlorknallgas*). Außer der nach GHS vorgeschriebenen Kennzeichnung (siehe Info-Box) müssen H_2-Druckgasflaschen nach DIN EN 1089-3 mit roter Flaschenschulter und rotem Flaschenkörper versehen sein.

Wasserstoff ist ungiftig und schädigt auch nicht die Umwelt. Daher ist auch kein MAK-Wert festgelegt. Atem- oder Hautschutz sind nicht erforderlich. Erst wenn hohe Konzentrationen eingeatmet werden, können durch den Mangel an Sauerstoff ab etwa 30 Vol% Bewegungsstörungen, Bewusstlosigkeit und Ersticken auftreten.[28]

Beim Mischen mit Luft zu 4 bis 76 Volumenprozent (Vol.-%) ist Wasserstoff entzündlich. Erst bei einer Konzentration von 18 % in der Luft ist Wasserstoff explosiv (Knallgas). Die Zündtemperatur in Luft beträgt 560 °C.[27] Das Sicherheitsdatenblatt ist zu beachten. Bei der Handhabung ist der Wasserstoff von Zündquellen, einschließlich elektrostatischen Entladungen, fernzuhalten. Die Lagerung der Behälter sollte fern von oxidierenden Gasen (Sauerstoff, Chlor) und anderen brandfördernden Stoffen erfolgen.

Entzündliche Sauerstoff/Wasserstoffgemische mit einem Anteil von unter 10,5 Volumenprozent Wasserstoff sind schwerer als Luft und sinken zu Boden.[29] Die Entmischung erfolgt nicht unmittelbar, so das bis zur Unterschreitung der 4-Volumenprozent-Grenze die Zündfähigkeit erhalten bleibt. Beim Umgang mit Wasserstoff müssen Sicherheitsvorschriften und Entlüftungsanlagen dieses Verhalten berücksichtigen.

Wird Wasserstoff in einfachen Metalltanks unter Druck gelagert, so kommt es wegen der geringen Molekülgröße zur Diffusion, das heißt, Gasmoleküle treten langsam durch die Gefäßwände aus. Die heute für Gastanks und Leitungen verwendeten Materialien berücksichtigen diese Eigenschaften des Wasserstoffs,[30] [31] so dass im täglichen Gebrauch keine größeren Risiken entstehen als z. B. durch die Verwendung von Benzin.[32] [33] [34] Wasserstofffahrzeuge mit Drucktanks können problemlos in Parkhäusern und Tiefgaragen geparkt werden. Es existiert keine gesetzliche Bestimmung, die das einschränkt (*siehe dazu*: Wasserstoffspeicherung).

Der Austausch von Wasserstoff-Isotopen in chemischen Verbindungen kann die Toxizität der entsprechenden Verbindung beeinflussen. So ist Schweres Wasser (D_2O) – das Isotop ^1H wurde gegen ^2H (Deuterium) ausgetauscht – im Vergleich zu Wasser giftig für viele Lebewesen. Die für Menschen gefährliche Menge ist aber recht groß und im Regelfall kaum zu erreichen.

Nachweis

Molekularen Wasserstoff kann man durch die Knallgasprobe nachweisen. Bei dieser Nachweisreaktion wird eine kleine, beispielsweise während einer Reaktion aufgefangene Menge eines Gases, in einem Reagenzglas entzündet. Wenn danach ein dumpfer Knall, ein Pfeifen oder ein Bellen zu hören ist, so ist der Nachweis positiv (das heißt, es war Wasserstoff in dem Reagenzglas). Der Knall kommt durch die Reaktion von Wasserstoffgas mit dem Luftsauerstoff zustande:

(exotherme Reaktion)

Wasserstoff reagiert mit Sauerstoff zu Wasser

Mit der gleichen Reaktion verbrennt Wasserstoff mit einer schwach bläulichen Flamme, wenn man ihn gleich an der Austrittsstelle entzündet (Pfeifgas).

Die Knallgasprobe ist die „klassische" Methode zum Nachweis und ist besonders in Schulversuchen beliebt. Sehr viel genauer lässt sich das Element mit Hilfe der Kernspinresonanzspektroskopie (kurz NMR; *nuclear magnetic resonance*) nachweisen, die daher bevorzugt im Laborbetrieb angewandt wird. Dabei macht man sich quantenmechanische Gegebenheiten zu Nutze: Der Kernspin eines Wasserstoffatoms kann sich in einem angelegten äußeren Magnetfeld unterschiedlich ausrichten. Dadurch liegt der Atomkern in einem von zwei möglichen Energiezuständen vor, deren Differenz umso größer ist, je stärker das äußere Magnetfeld ist. Diese Differenz ist charakteristisch für jedes Element und kann durch Strahlungsanregung gemessen werden.

Verbindungen

Wasserstoff geht mit den meisten chemischen Elementen Verbindungen mit der allgemeinen Summenformel EH_n (n = 1, 2, 3, 4) ein. Einige wenige dieser Elementwasserstoffe sind nur in Form so genannter Addukte bekannt, wie $L_m \cdot EH_n$ (L steht für einen Liganden).

Wasserstoff kann in Verbindungen sowohl positive als auch negative Ladungsanteile tragen. Das ist abhängig davon, ob der Bindungspartner eine höhere oder eine niedrigere Elektronegativität als Wasserstoff (2,2) besitzt. Zwischen den beiden Verbindungstypen lässt sich im Periodensystem keine scharfe Grenze ziehen, da zum Beispiel das Säure-Base-Verhalten mit berücksichtigt werden muss. Eine mehr oder weniger willkürliche Betrachtung besagt, dass in den Wasserstoffverbindungen der Elemente Bor, Silicium, Germanium, Zinn und Blei sowie allen links davon der Wasserstoff negativ polarisiert ist, in Verbindungen mit Kohlenstoff, Phosphor, Arsen, Antimon, Bismut und allen Elementen rechts davon positiv. Entsprechend lässt sich bei Monosilan (SiH_4) die Oxidationszahl für Silicium auf +4 (Wasserstoff dementsprechend −1), in Methan (CH_4) für Kohlenstoff auf −4 (Wasserstoff +1) festlegen.

Zur Darstellung von Wasserstoffverbindungen EH_n werden hauptsächlich drei verschiedene Verfahren genutzt:

- Die Umsetzung des entsprechenden Elements E mit Wasserstoff (H_2; Hydrogenolyse)

  Ein Element reagiert mit Wasserstoff bei Energiezufuhr zum entsprechenden Elementwasserstoff.

- Die Reaktion von Metallverbindungen des Typs M_nE mit Wasserstoffsäuren (H^+; Protolyse)

  Eine Metallverbindung des Elements E reagiert mit einer Säure HA zum Elementwasserstoff und einem Metallsalz.

- Die Umsetzung von Halogenverbindungen ($EHal_n$) mit Hydriden (H^-; Hydridolyse)

  Hydridionen setzen aus einer Halogenverbindung des Elements E den entsprechenden Elementwasserstoff frei.

Salzartige Verbindungen

In Verbindung mit Metallen kann Wasserstoff jeweils ein Elektron aufnehmen, so dass negativ geladene Wasserstoffionen (Hydridionen, H^-) entstehen, die mit Metallkationen Salze bilden. Diese Verbindungen werden Hydride genannt. Salzartige Elementwasserstoffe sind von den Alkali- und, mit Ausnahme von Beryllium, den Erdalkalimetallen bekannt. Außerdem zählt man die Dihydride des Europiums und Ytterbiums (EuH_2 und YbH_2) dazu.

Metallhydride reagieren sehr heftig mit Wasser unter Freisetzung von molekularem Wasserstoff (H_2) und können sich an der Luft selbst entzünden, wobei sich Wasser und das Metalloxid bilden. In der Mehrzahl sind sie aber nicht explosiv. Minerale, die (an Sauerstoff gebundenen) Wasserstoff enthalten, sind Hydrate oder Hydroxide.

Metallartige Verbindungen

In metallartigen Wasserstoffverbindungen – mit wenigen Ausnahmen sind das die Übergangsmetallhydride – ist atomarer Wasserstoff in der entsprechenden Metallstruktur eingelagert. Man spricht in diesem Fall auch von Wasserstoff-Einlagerungsverbindungen, obwohl sich bei der Aufnahme des Wasserstoffs die Struktur des Metalls ändert (was eigentlich nicht der Definition für Einlagerungsverbindungen entspricht). Das Element besetzt die oktaedrischen und tetraedrischen Lücken in den kubisch- bzw. hexagonal-dichtesten Metallatompackungen.

Die Löslichkeit von Wasserstoff steigt mit zunehmender Temperatur. Man findet jedoch selbst bei Temperaturen über 500 °C selten mehr als 10 Atomprozente Wasserstoff im betreffenden Metall. Am meisten Wasserstoff können die Elemente Vanadium, Niob und Tantal aufnehmen. Bei Raumtemperatur sind folgende Stöchiometrien zu beobachten: $VH_{0,05}$, $NbH_{0,11}$ und $TaH_{0,22}$. Ab 200 °C findet man bei diesen Metallen eine 1:1-Stöchiometrie (MH) vor. Das kubisch-raumzentrierte Kristallgitter bleibt dabei unangetastet.

Kovalente Verbindungen

Verbindungen, bei denen Wasserstoff der elektropositivere Partner ist, haben einen hohen kovalenten Anteil. Als Beispiele seien Fluorwasserstoff (HF) oder Chlorwasserstoff (HCl) genannt. In Wasser reagieren diese Stoffe als Säuren, da der Wasserstoff sofort als Proton (H^+-Ion) von umgebenden Wassermolekülen abgespalten werden kann. Isolierte H^+-Ionen verbinden sich in wässriger Lösung sofort mit Wassermolekülen zu H_3O^+-Ionen; dieses Ion ist verantwortlich für die saure Eigenschaft von wässrigen Chlorwasserstofflösungen.

Säure-Base-Verhalten

Die kovalenten Wasserstoffverbindungen der Elemente der IV. bis VII. Hauptgruppe des Periodensystems sowie Borwasserstoffe sind Säuren nach der Definition von Brønsted, geben also Protonen an andere Verbindungen ab.

Die Säurestärke der Verbindungen nimmt dabei in den Hauptgruppen von oben nach unten und in den Perioden von links nach rechts zu. Ebenso steigt sie mit der Zahl der Element-Element-Bindungen bei Wasserstoffverbindungen eines bestimmten Elements. So ist zum Beispiel Wasser (H_2O) eine schwächere Säure als Wasserstoffperoxid (H_2O_2), Ethan (C_2H_6) in der Säurestärke schwächer als Ethen (C_2H_4) und Ethin (C_2H_2).

Umgekehrt können kovalente Elementwasserstoffe als Basen fungieren. Wasserstoffverbindungen der Elemente aus Hauptgruppe V bis VII können Protonen aufnehmen, da sie über freie Elektronenpaare verfügen.

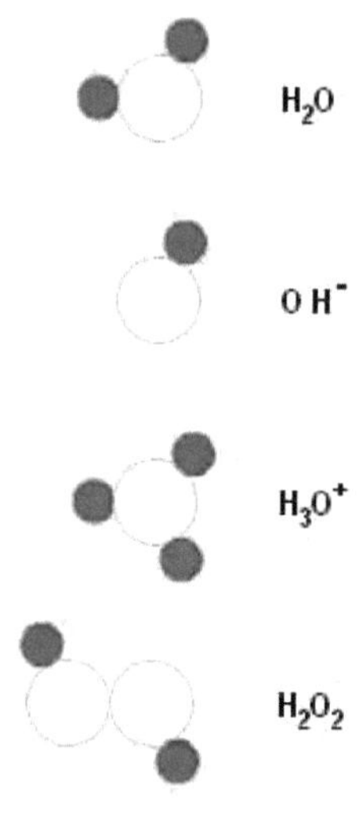

Schematische Darstellung verschiedener Wasserstoffoxide

pH-Wert

Ursache für die Acidität oder Basizität einer wässrigen Lösung ist die Stoffkonzentration an Protonen (H^+-Ionen). Den negativen dekadischen Logarithmus dieser Konzentration nennt man pH-Wert. Z. B. bedeutet eine Konzentration von 0,001 mol H^+-Ionen pro Liter Wasser „pH 3,0". Dieses Beispiel trifft auf eine Säure zu. Wasser ohne jeden Zusatz hat bei Normalbedingungen den pH 7, Basen haben pH-Werte bis 14

Oxide

Wasserstoffoxide (auch Hydrogeniumoxide) sind Verbindungen, die nur aus Wasserstoff und Sauerstoff bestehen, von größter Wichtigkeit ist das Wasser (Wasserstoffoxid); von technischer Bedeutung ist daneben Wasserstoffperoxid, früher Wasserstoffsuperoxid genannt. Ein weiteres, aber selteneres Oxid ist das Dihydrogentrioxid.

Von außerordentlicher Bedeutung für alles Leben auf der Erde sind auch Alkohole und Saccharide sowie Carbonsäuren, die (nur) Wasserstoff, Sauerstoff und Kohlenstoff enthalten.

Kohlenwasserstoffe

Wasserstoff bildet mit Kohlenstoff die kovalenten Kohlenwasserstoffe, deren Studium sich die Kohlenwasserstoffchemie verschrieben hat.

Siehe auch

- Wasserstoffwirtschaft
- Wasserstoffatom
- Wasserstoffherstellung
- Wasserstoffspeicher
- Wasserstoffantrieb
- Liste der Wasserstofftechnologien

Literatur

Chemie

- Erwin Riedel: *Anorganische Chemie.* de Gruyter, Berlin 2002, ISBN 3-11-017439-1.
- A. F. Holleman, Egon Wiberg: *Lehrbuch der Anorganischen Chemie.* de Gruyter, Berlin 1995, ISBN 3-11-012641-9.
- Harry H. Binder: *Lexikon der chemischen Elemente – das Periodensystem in Fakten, Zahlen und Daten.* S. Hirzel Verlag, Stuttgart 1999, ISBN 3-7776-0736-3.

Technik

- Peter Kurzweil: "Brennstoffzellentechnik." 1. Aufl. Vieweg Verlag, Wiesbaden 2003, ISBN 3-528-03965-5.
- Peter Kurzweil: "Brennstoffzellen" Buchkapitel in "Energietechnik" (Hrsg.: Zahoransky, Richard). 5. überarb. u. erw. Aufl. Vieweg+Teubner Verlag, Wiesbaden 2010, ISBN 978-3-8348-1207-0.
- Helmut Eichlseder, Manfred Klell: "Wasserstoff in der Fahrzeugtechnik." 1. Auflage, Vieweg+Teubner Verlag, Wiesbaden 2008, ISBN 978-3-8348-0478-5.
- Sven Geitmann: *Wasserstoff & Brennstoffzellen – Die Technik von morgen.* 2. Aufl. Hydrogeit Verlag, Kremmen 2004, ISBN 3-937863-04-4.
- Rex A. Ewing: *Hydrogen – A Journey Into a World of Hydrogen Energy and Fuel Cells.* Pixyjack Press, Masonville CO 2004, ISBN 0-9658098-6-2.

Bedeutung

- Hoimar von Ditfurth: *Im Anfang war der Wasserstoff.* dtv, München 2002, ISBN 3-423-33015-5.

Weblinks

- Links zum Thema Wasserstoff [35] im Open Directory Project
- 3D Visualisierungen des Wasserstoffatoms bei HydrogenLab [36]
- Informationen über Wasserstoff bei hydrox.de [37]
- Suprafluider Wasserstoff bei Innovationsreport 4. Juni 2002 [38]
- Informationen und Bücher über Wasserstoff im Verlag Hydrogeit [39]
- *Wasserstoff – Der neue Energieträger* Über die Rolle des Wasserstoffs in existierenden und zukünftigen Energiesystemen in Deutscher Wasserstoff- und Brennstoffzellenverband e.V. (Hrsg.) 2004 [40] (PDF-Datei; 150 KB)
- *Solare Wasserstoffwirtschaft* bei biowasserstoff.de [41]
- *Wasserstofftestfeld Island* in Iceland Guide 2006 [42]
- Eine Wasserstoff- [43] und Deuterium-Spektralröhre [44] Betrieb mit 1,8 kV, 18 mA und einer Frequenz von 35 kHz.

Einzelnachweise

[1] Erwin Riedel, Christoph Janiak Anorganische Chemie, 8. Auflage, 2011, Verlag De Gruyter. ISBN 978-3-11-022566-2

[2] Die Werte für die Eigenschaften (Infobox) sind, wenn nicht anders angegeben, aus www.webelements.com (Wasserstoff) (http://www.webelements.com/hydrogen/) entnommen.

[3] Angegeben ist der von der IUPAC empfohlene Standardwert, da die Isotopenzusammensetzung dieses Elements örtlich schwanken kann, ergibt sich für das mittlere Atomgewicht der in Klammern angegebene Massenbereich. Siehe: Michael E. Wieser, Tyler B. Coplen: *Atomic weights of the elements 2009 (IUPAC Technical Report).* In: *Pure and Applied Chemistry.* 2010, S. 1, doi: 10.1351/PAC-REP-10-09-14 (http://dx.doi.org/10.1351/PAC-REP-10-09-14).

[4] Die Werte für die Eigenschaften (Infobox) sind, wenn nicht anders angegeben, aus www.webelements.com (Wasserstoff) (http://www.webelements.com/hydrogen/) entnommen.

[5] Eintrag zu *Wasserstoff* (http://gestis.itrust.de/nxt/gateway.dll?f=id$t=default.htm$vid=gestisdeu:sdbdeu$id=007010) in der GESTIS-Stoffdatenbank des IFA, abgerufen am 12. Juli 2009 (JavaScript erforderlich).

[6] Robert C. Weast (Hrsg.): *CRC Handbook of Chemistry and Physics.* CRC (Chemical Rubber Publishing Company), Boca Raton 1990, ISBN 0-8493-0470-9, S. E-129 bis E-145. Die Werte dort sind auf g/mol bezogen und in cgs-Einheiten angegeben. Der hier angegebene Wert ist der daraus berechnete maßeinheitslose SI-Wert.

[7] Yiming Zhang, Julian R. G. Evans, Shoufeng Yang: *Corrected Values for Boiling Points and Enthalpies of Vaporization of Elements in Handbooks.* In: *Journal of Chemical & Engineering Data.* 56, 2011, S. 328–337, doi: 10.1021/je1011086 (http://dx.doi.org/10.1021/je1011086).

[8] Die Werte für die Eigenschaften (Infobox) sind, wenn nicht anders angegeben, aus www.webelements.com (Wasserstoff) (http://www.webelements.com/hydrogen/) entnommen.

[9] Eintrag aus der CLP-Verordnung zu *CAS-Nr. 1333-74-0* (http://gestis.itrust.de/nxt/gateway.dll/gestis_de/007010.xml?f=templates$fn=print.htm#1100) in der GESTIS-Stoffdatenbank des IFA (JavaScript erforderlich)

[10] Hinweis: Seit 1. Dezember 2012 ist für Stoffe nur noch die GHS-Gefahrstoffkennzeichnung zulässig. Bis zum 1. Juni 2015 dürfen nur noch die R-Sätze aus der EU-Gefahrstoffkennzeichnung für die Einstufung von Zubereitungen mit diesem Stoff herangezogen werden, ansonsten ist die EU-Gefahrstoffkennzeichnung nur noch von historischem Interesse.

[11] Ernst F. Schwenk: *Sternstunden der frühen Chemie.* Verlag C.H. Beck, 1998, ISBN 3-406-45601-4.

[12] Webmineral – Mineral Species sorted by the element H (Hydrogen) (http://webmineral.com/chem/Chem-H.shtml) (englisch).

[13] IDW-Online 28. September 2011 (http://idw-online.de/de/news443004)

[14] RÖMPP, 9. erweiterte Auflage.

[15] *Wasserstoff* (http://webbook.nist.gov/cgi/cbook.cgi?ID=C1333-74-0) in P. J. Linstrom, W. G. Mallard (Hrsg.): *NIST Chemistry WebBook, NIST Standard Reference Database Number 69.* National Institute of Standards and Technology, Gaithersburg MD.

[16] Römpps Chemielexikon achte Auflage 1988.

[17] George A. Jeffrey: *An Introduction to Hydrogen Bonding.* Oxford University Press, 1997, ISBN 978-0-19-509549-4.

[18] physicsweb.org: Hydrogen-7 makes its debut (http://physicsweb.org/articles/news/7/3/3)

[19] D. Lal und B. Peters: *Cosmic ray produced radioactivity on the earth.* Handbuch der Physik, Band 46/2, Springer, Berlin 1967, S. 551–612.

[20] Chemie mit ungewöhnlichen Elementarteilchen (http://www.wissenschaft-online.de/artikel/1062148), spektrumdirekt 28. Januar 2011.

[21] ZZulV: Verordnung über die Zulassung von Zusatzstoffen zu Lebensmitteln zu technologischen Zwecken (http://bundesrecht.juris.de/zzulv_1998/BJNR023100998.html)

[22] Wasserstoff als Energieträger der Zukunft (http://www.vde.com/DE/FG/ETG/ARCHIV/AKTUELLES/Seiten/Wasserstoff Energietraeger der Zukunft.aspx) (Quelle: VDE Abgerufen am 11. April 2012)

[23] Anforderungen an Kunststoffe für Wasserstoff-Hochdrucktanks (http://www.h2bz-hessen.de/mm/3_Opel_Meusinger_DA_HAGComposites.pdf) (Quelle: Adam Opel GmbH, Stand: 30. Juni 2002)
[24] Hochleistungs-Wasserstofftank erhält TÜV-Zertifikat (http://www.motor-talk.de/news/hochleistungs-wasserstofftank-erhaelt-tuev-zertifikat-t20404.html) (Quelle: Motor-Talk, Stand: Stand: 30. Juni 2002)
[25] Energieinhalte im Vergleich (http://www.hydox.de/wasserstoff.htm)
[26] Jon S Cardinal, Jianghua Zhan, Yinna Wang, Ryujiro Sugimoto, Allan Tsung, Kenneth R McCurry, Timothy R Billiar, Atsunori Nakao: *Oral hydrogen water prevents chronic allograft nephropathy in rats.* (http://www.ncbi.nlm.nih.gov/pubmed/19907413) In: *Kidney International.* 77, Nr. 2, 2010, S. 101–109. doi: 10.1038/ki.2009.421 (http://dx.doi.org/10.1038/ki.2009.421). Abgerufen am 21. April 2010.
[27] Wasserstoff so sicher wie Benzin (http://www.linde-gas.de/international/web/lg/de/like35lgde.nsf/repositorybyalias/wasserstofftag-03_stepken_handout/$file/WASSERSTOFFTAG-03_STEPKEN_HANDOUT.pdf) Quelle: Linde AG
[28] Helmut Eichlseder, Manfred Klell: *Wasserstoff in der Fahrzeugtechnik*, 2010, ISBN 978-3-8348-0478-5.
[29] ZDF Abenteuer Wissen vom 11. Juli 2007: Dr. Henry Portz, Brandexperten ermitteln rätselhafte Brandursache (http://abenteuerwissen.zdf.de/ZDFde/inhalt/20/0,1872,5562740,00.html?dr=1) eingefügt 9. Februar 2012
[30] Anforderungen an Kunststoffe für Wasserstoff-Hochdrucktanks (http://www.h2bz-hessen.de/mm/3_Opel_Meusinger_DA_HAGComposites.pdf) Quelle: Adam Opel GmbH Stand: 30. Juni 2002.
[31] Hochleistungs-Wasserstofftank erhält TÜV-Zertifikat (http://www.motor-talk.de/news/hochleistungs-wasserstofftank-erhaelt-tuev-zertifikat-t20404.html) Quelle: Motor-Talk Stand: 30. Juni 2002.
[32] Spektakulärer Test zeigt: Wasserstoff im Auto muss nicht gefährlicher sein als Benzin (http://www.wissenschaft.de/wissenschaft/hintergrund/203303.html?page=0) Quelle: Bild der Wissenschaft Stand: 3. Februar 2003.
[33] Sicherheitsaspekte bei der Verwendung von Wasserstoff (http://www.hycar.de/sicherheit.htm) Quelle: Hycar
[34] Video: Chrashversuch der University of Miami (http://www.youtube.com/watch?v=lspiRxx1B9o)
[35] http://www.dmoz.org/World/Deutsch/Wissenschaft/Ingenieurwissenschaften/Energie/Wasserstoff/
[36] http://www.hydrogenlab.de/
[37] http://www.hydox.de/wasserstoff.htm
[38] http://www.innovations-report.de/html/berichte/verfahrenstechnologie/bericht-29914.html
[39] http://www.hydrogeit.de/
[40] http://www.dwv-info.de/publikationen/2004/pm_04st.pdf
[41] http://www.bio-wasserstoff.de/
[42] http://www.iceland.de/index.php?id=658
[43] http://www.pse-mendelejew.de/bilder/h.jpg
[44] http://www.pse-mendelejew.de/bilder/d.jpg

Dieser Artikel wurde am 7. Dezember 2005 in dieser Version (http://en.wikipedia.org/wiki/) in die Liste der exzellenten Artikel aufgenommen.

Normdaten (Sachbegriff): GND: 4064784-5 (http://d-nb.info/gnd/4064784-5)

Article Sources and Contributors

Ariane_1 *Source*: http://de.wikipedia.org/w/index.php?title=Ariane_1 *Contributors*: Afromme, Aka, Allesmüller, Andibrunt, AndreasB, Asdert, Bernd Leitenberger, Bricktop1, Cepheiden, Colognese, CommonsDelinker, Cspan64, Darklock, Don Magnifico, Euphoriceyes, Fritzbox, GDK, Haplochromis, Hegen, Henristosch, J.-H. Janßen, Kungfuman, Magnus, Norbirt, Notaris, Paygar, Phrood, Pittimann, Pjacobi, Rjh, Srbauer, Stahlkocher, Uwe W., WIKImaniac, WeißNix, Xosema, 22 anonymous edits

Ariane_(Rakete) *Source*: http://de.wikipedia.org/w/index.php?title=Ariane_%28Rakete%29 *Contributors*: A.Savin, APPER, Afromme, AidanPryde, Aka, Alexander Z., Aliosos, Allesmüller, Alter Fritz, Andre Engels, AndreasB, Anduin, Armin P., Arnomane, Asdert, AviationExpert, Avoided, AxelHH, BangertNo, Batrox, Bernd Leitenberger, Bricktop1, Calle Cool, Christian Günther, Claus Ableiter, CommonsDelinker, Daddy Cool, Daniel 1992, Daniel FR, Der.Traeumer, Eingangskontrolle, Eisenberg, Emkaer, Enzyklopädix, ErikDunsing, Euphoriceyes, Euroflux, Extensive, Flor!an, Franz Wikinews, Geisslr, Geof, GeorgHH, Geschichtsfan, Großbuchstabe, Gurt, HaeB, Hawei, Hegen, Herbrenner1984, JWBE, Jaques, JensBaitinger, Kurt Jansson, M3ax, MFM, Maggi-k, Magnus, Mosfet81, Muck31, Nameless, Neumeier, Nightflyer, Norro, Obersachse, Olaf1541, Ossiostborn, Phrood, Pikarl, Pittimann, Pvanderloewen, Quecksilber, Quelokee, Rax, Reinraum, Rjh, Rosion, Rotkraut, STBR, Saehrimnir, Schubbay, Sig11, SonicY, Spellsinger, Spuk968, Stahlkocher, Stefan Kühn, Stefan h, Taube Nuss, Tullius, Ukko, Umweltschützen, Uwe W., Uwe1959, Volker Paix, WIKImaniac, Wisi, Wissen, Ziko, 71 anonymous edits

Startgewicht *Source*: http://de.wikipedia.org/w/index.php?title=Startgewicht *Contributors*: Bapho, Berliner76, Bernd vdB, Billyhill, Carstenrun, El Grafo, ILA-boy, KaiMartin, Missioncontrol, Priwo, Rutze, Schwindp, Stahlkocher, Stefan2, Wikifantexter, Wünschi, 2 anonymous edits

Durchmesser *Source*: http://de.wikipedia.org/w/index.php?title=Durchmesser *Contributors*: .gs8, 790, Adaso, Aka, Armin P., Ben-Zin, Captain Chaos, Chris Kaese, Christian1985, DJS, Dogbert66, Elya, Farino, Fristu, Geof, Gereon K., Hannes Kuhnert, Hans Koberger, Hardenacke, Hæggis, Iwoelbern, Jed, KaiMartin, Kajdron, Karl-Henner, Kein Einstein, KleinKlio, Linear77, Ma-Lik, Martin-vogel, MartinThoma, Matgoth, Mbdortmund, Morgenröte, MovGP0, Mps, Ncnever, Nephelin, Norbirt, Numbo3, Oderfing, Pit, Quartl, Ralf Pfeifer, Regi51, Roterraecher, Rufus46, S.K., SITCK, Saperaud, Sargoth, Saxo, Siehe-auch-Löscher, SirJective, Stalefish, Storchi, Thornard, Ussschrotti, Uwe Gille, Waggerla, WikipediaMaster, Zeno Gantner, Zumbo, 47 anonymous edits

Geostationäre_Transferbahn *Source*: http://de.wikipedia.org/w/index.php?title=Geostation%C3%A4re_Transferbahn *Contributors*: Alexchris, Andrsvoss, Anhi, Anneke Wolf, Asdert, Bernd.Brincken, Carbenium, Crux, Echoray, Felicks, Florian Adler, Grabert, Henristosch, LeastCommonAncestor, MarioS, MichiK, Q. Wertz, Raumfahrtingenieur, Rivi, RokerHRO, Seestaernli, Srittau, Uwe W., 10 anonymous edits

Spezifischer_Impuls *Source*: http://de.wikipedia.org/w/index.php?title=Spezifischer_Impuls *Contributors*: ADDbro, Acky69, Aka, Asdert, B wik, Balumir, Bergdohle, Bernd Leitenberger, Bricktop1, DF5GO, David314, Edoe, Giftpflanze, Gravitophoton, Heinte, Helium4, Howwi, Hubertl, Hystrix, Jobu0101, JogyB, Jpp, Rainald62, Relie86, Riepichiep, Rosion, Rotkaeppchen68, Schweikhardt, Seestaernli, Sk!d, Spjoe, Stefan Kühn, Tim.landscheidt, Uwe W., Wasserseele, ZeroGRanger, 24 anonymous edits

HM-7 *Source*: http://de.wikipedia.org/w/index.php?title=HM-7 *Contributors*: Andreas Werle, Asdert, Boemmels, Bogomir, Henristosch, Kungfuman, Ordnung, Seestaernli, Sprachpfleger, Uwe W., 1 anonymous edits

Viking_(Triebwerk) *Source*: http://de.wikipedia.org/w/index.php?title=Viking_%28Triebwerk%29 *Contributors*: Andreas Werle, Asdert, Gfha, Kogo, Rex250, Rr2000, Seestaernli, Uwe W., WWSS1, , 4 anonymous edits

Safran_(Unternehmen) *Source*: http://de.wikipedia.org/w/index.php?title=Safran_%28Unternehmen%29 *Contributors*: Asdert, BertholdD, Ebcdic, Euroflux, Felix Stember, Frankee 67, Hadhuey, House1630, Kaisersoft, Matt314, Meisterkoch, Penemue, Radiohörer, Redfive, Sa-se, SanFran Farmer, Senner, SitteP, Stahlkocher, Stauffen, Swiss Energy, Telefon76, Volker Paix, Weissbier, 15 anonymous edits

Hypergol *Source*: http://de.wikipedia.org/w/index.php?title=Hypergol *Contributors*: Acky69, Aka, Andreas aus Hamburg in Berlin, Ardik, Asdert, Berg2, Carl B aus W, DerHexer, Elwe, Eschenmoser, Fulmen, HDP, Hede2000, Heinte, Jaellee, Kleine Ameise, MSSpace, Mh26, Rjh, Schoschie, Schweikhardt, Senfmann2, Sindala, Suirenn, Tetris L, Uwe W., Viator, Wolfgang1018, 13 anonymous edits

Distickstofftetroxid *Source*: http://de.wikipedia.org/w/index.php?title=Distickstofftetroxid *Contributors*: Aka, Alleigh, Ansen, Asdert, Augiasstallputzer, Cholo Aleman, Eschenmoser, Felix Stember, Flominator, Florian Adler, Geomartin, Grabert, Heiko (Berlin), Hystrix, JCS, Jeo, Jü, Kreusch, Leyo, Ljfa-ag, MarcoBorn, Matthias M., Minutemen, Nb, Orci, Pilatus, Rjh, RokerHRO, Roland.chem, Rr2000, Sir, Steffen 962, SuckXez, Svenlx, Taximilian, Trainspotter, Uwe W., Wendelin, Wiki-Hypo, WikiCare, Wikifrosch, Zaungast, Århus, 19 anonymous edits

1,1-Dimethylhydrazin *Source*: http://de.wikipedia.org/w/index.php?title=1%2C1-Dimethylhydrazin *Contributors*: Aka, Andersenman, Augiasstallputzer, Bangin, Bernd vdB, Bjb, Chrisfrenzel, Crux, Eschenmoser, FrankOE, Funkysapien, Geichler, Grimmi59 rade, Hoffmeier, JCS, JWBE, Jaques, Jü, KaHe, Kleine Ameise, Kucharek, Leipnizkeks, Mow-Cow, NEUROtiker, Okrumnow, Olaf Kosinsky, Olivier Helbig, Orci, Rhododendronbusch, Rjh, Schubbay, Schweikhardt, Senfmann2, Siegert, Stahlkocher, Uwe W., °, 18 anonymous edits

Wasserstoff *Source*: http://de.wikipedia.org/w/index.php?title=Wasserstoff *Contributors*: 7Pinguine, A.Savin, AAS-Spezialist, AF666, APPER, Ademant, Aditu, Ads, Aka, Alchemist-hp, Alex6, Allesmüller, Andi schmitt, Andreas 06, Andreas1970, Andreas75, AndreasFahrrad, Androl, Andrsvoss, Anonim S, Antonsusi, Aristeas, Arnomane, Augiasstallputzer, Aule, Autorabe71, Ayacop, B wik, BJ Axel, Ballapete, Barthi, Bdk, Bello, Ben-Zin, Bender235, Bera, Bernardissimo, Bernd KlauEs, Bertonymus, Bertrus, Bib, Björn Bornhöft, Blackbird13, Bleckneuhaus, BlueTune, Boehm, Boemmels, Booth, Brandti, Brudersohn, Bücherwürmlein, Bürger-falk, CBeebop, Cairimba, Candid Dauth, Captain Crunch, Cat, CennoxX, Cepheiden, Chd, Che Netzer, Chemiewikibm, ChristophDemmer, Ckeen, Codc, Conversion script, Crazy-Chemist, Crux, Cubidus, Cvf-ps, CyRoXX, D, D-kw, D0c, DTeetz, Darkone, David Ludwig, DerHexer, DerSaenger, Diba, Diwas, Dnalor, DocZoid, Docfeelgood3, Dotox, Doudo, Dr.cueppers, Drdoht, Dschanz, Dufo, Dundak, EcKo, Eco-Ing., El, El., Elrond, Engelbaet, Erdhummel, Erik Streb, Ervauen, Erwin Mustermann, Expent, FK1954, Fedi, Fgb, Flominator, Florian Adler, Flouzensiep, Flups, Fmrauch, Frank-.it, FrankOE, GDK, GGiesen, GPinarello, Gandalf, Gerbil, Ghw, Giftmischer, Golubkov, Gravitophoton, Gum'Mib'Aer, Gunther, Gurt, HAL Neuntausend, HH58, HPaul, Hadhuey, Haeber, Hammermatz, Hannes Röst, Hardenacke, Hardy42, Hdumann, Head, Heinte, Helium4, Henristosch, Herbertweidner, Hergé, Himuralibima, Hokanomono, Holger.winkler, Holly Tyler, Hydro, Hydrogeit, Hystrix, J C D, JCS, JWBE, Jaer, Jan Homann, Jed, Jhartmann, Jmsanta, Jobi98, Jobu0101, Joes-Wiki, JohannWalter, Joule, Jpp, JuTa, Juesch, Julian, Jwollbold, Kai Petzke, Kai11, Kam Solusar, Kanonenkugel, Karl Bednarik, Karl Gruber, Karl-Heinz Tetzlaff, Karl-Henner, Keen, Keil, Keno, Kolodez, Kolossos, Kricket, Kristjan, Kubi, Kubieziel, Kuebi, Kursch, LKD, Lang248, Leipnizkeks, Lennert B, LeoLei, LeonardoRob0t, Leseratte, Leyo, Liquidat, Lord Gorg, Löschfix, MAK, MFM, Mabschaaf, MacPac, Magadan, Magnus Manske, Mai-Thai, Malinalda, Manu, Marc Layer, MarianSigler, Markus Schweiß, MarkusZi, Martin k, Martin-vogel, MartinR, Matthias M., Matthäus Wander, Matze6587, Matzematik, Max Plenert, Maxmax, Maxus96, McMort, Mcdanilo, Mfb, Michaeluray, Michail, Millbart, Mion, Mister13, Monsieurbecker, Morszeck, MrBurns, Muskid, NEUROtiker, Nameless, Narr, NeUtro2010, Ninjamask, Niteshift, Nocturne, Norro, NuclearWarfare, O-fey, Oguenther, Olei, Onkel74, Onkelkoeln, Onliner, Orci, Osiris2000, Ot, P. Birken, P. S. F. Freitas, PDCA, PM3, Paddy, PaulT, Pclex, PeeCee, Pendulin, Peter200, Ph9694, PhJ, Philipendula, Pinnipedia, Pixelfire, Pizzero, Pjacobi, Polarlys, Prolineserver, Ra'ike, Rainer Nase, Rainyx, Raiwill, Raubsaurier, Regi51, Rfc, Rho, Rhododendronbusch, Ri st, Ribo, Riema, Rivi, Rjh, Rmw, RoSch, Roan Shryne, Robert M., RokerHRO, Roland Kaufmann, Roland.chem, Rolf Hofmann, RonMeier, Roo1812, STBR, Saehrimnir, Saibo, Sanandros, Saperaud, Schewek, Schnulli00, Schusch, Schwabt, Schwalbe, Schweikhardt, Sechmet, Seewolf, Seidelhausen, Seisdrum, Sentry, Septembermorgen, Shiv, Sicherlich, Sinn, SiriusB, Slow Phil, Slpeter, Solid State, SonniWP, Southpark, Speedator, Sprachpfleger, Spundun, Srbauer, StYxXx, Steak, Stefan, Stefan Knauf, Stefan h, StefanPohl, SteffenB, Stengede, Suirenn, Suisui, T.a.k., TDF, Tali, Tango8, Techkonom, Tetris L, The-pulse, TheTick123, Thiesi, Thogo, Thomas, Thornard, Thuringius, Till Reckert, Tim, Timt, Tobias1983, Tobmar, Tockie, Tom1200, TomK32, Tomihahndorf, Traroth, Tsfla, Tsor, Twiss, Tönjes, Ulm, Ulrich heinersdorff, Ulula, UvM, Uwe Gille, Uwe W., Van Flamm, Varina, Verdammnis, Vorrauslöscher, Vulture, Wahldresdner, Wdwd, Westiandi, Wickie37, Wiegels, Wiki-basti, Wikipediaphil, Wirama, Wirbelstrom2k4, Wkrautter, Wollschaf, Wst, Wächter, Xvlun, YourEyesOnly, Zahnstein, Zaphiro, Zivilverteidigung, Zoelomat, Zollernalb, 502 anonymous edits

Image Sources, Licenses and Contributors

Datei:Ariane 1 Le Bourget FRA 001.jpg *Source*: http://de.wikipedia.org/w/index.php?title=Datei:Ariane_1_Le_Bourget_FRA_001.jpg *License*: unknown *Contributors*: Ignis, Mike Peel, PeterWD

Datei:Ariane 5.png *Source*: http://de.wikipedia.org/w/index.php?title=Datei:Ariane_5.png *License*: unknown *Contributors*: User:Bricktop, User:Phrood, User:SonicR

Datei:Ariane 44LP clone at Space Center Bremen.jpg *Source*: http://de.wikipedia.org/w/index.php?title=Datei:Ariane_44LP_clone_at_Space_Center_Bremen.jpg *License*: unknown *Contributors*: User:Flor!an

Datei:Ariane EPS 5 Oberstufe.JPG *Source*: http://de.wikipedia.org/w/index.php?title=Datei:Ariane_EPS_5_Oberstufe.JPG *License*: unknown *Contributors*: Claus Ableiter

Datei:2009-07-21 ob 30 ariane 5 eads.JPG *Source*: http://de.wikipedia.org/w/index.php?title=Datei:2009-07-21_ob_30_ariane_5_eads.JPG *License*: unknown *Contributors*: User:Ziko

Datei:Diameter.svg *Source*: http://de.wikipedia.org/w/index.php?title=Datei:Diameter.svg *License*: unknown *Contributors*: User:Krishnavedala

Image:GTO Orbit.png *Source*: http://de.wikipedia.org/w/index.php?title=Datei:GTO_Orbit.png *License*: unknown *Contributors*: User:Brandir

Bild:SNECMA HM7B rocket engine.jpg *Source*: http://de.wikipedia.org/w/index.php?title=Datei:SNECMA_HM7B_rocket_engine.jpg *License*: unknown *Contributors*: Bricktop, Stahlkocher

Bild:Viking 5C.jpg *Source*: http://de.wikipedia.org/w/index.php?title=Datei:Viking_5C.jpg *License*: unknown *Contributors*: User:kogo

Datei:Logo Safran.svg *Source*: http://de.wikipedia.org/w/index.php?title=Datei:Logo_Safran.svg *License*: unknown *Contributors*: Benutzer:Swiss Energy

Datei:Massy Essonne 138.jpg *Source*: http://de.wikipedia.org/w/index.php?title=Datei:Massy_Essonne_138.jpg *License*: unknown *Contributors*: User:Lionel Allorge

File:Turbofan-Engine.jpg *Source*: http://de.wikipedia.org/w/index.php?title=Datei:Turbofan-Engine.jpg *License*: unknown *Contributors*: MichiK, Rouvix

Datei:Hypergolic Fuel for MESSENGER.jpg *Source*: http://de.wikipedia.org/w/index.php?title=Datei:Hypergolic_Fuel_for_MESSENGER.jpg *License*: unknown *Contributors*: NASA

Datei:Distickstofftetroxid.svg *Source*: http://de.wikipedia.org/w/index.php?title=Datei:Distickstofftetroxid.svg *License*: unknown *Contributors*: Original uploader was Ljfa-ag at de.wikipedia (Original text : ljfa-ag Diskussion)

Datei:GHS-pictogram-rondflam.svg *Source*: http://de.wikipedia.org/w/index.php?title=Datei:GHS-pictogram-rondflam.svg *License*: unknown *Contributors*: User:DrTorstenHenning

Datei:GHS-pictogram-bottle.svg *Source*: http://de.wikipedia.org/w/index.php?title=Datei:GHS-pictogram-bottle.svg *License*: unknown *Contributors*: User:DrTorstenHenning

Datei:GHS-pictogram-acid.svg *Source*: http://de.wikipedia.org/w/index.php?title=Datei:GHS-pictogram-acid.svg *License*: unknown *Contributors*: User:DrTorstenHenning

Datei:GHS-pictogram-skull.svg *Source*: http://de.wikipedia.org/w/index.php?title=Datei:GHS-pictogram-skull.svg *License*: unknown *Contributors*: User:DrTorstenHenning

Datei:Hazard O.svg *Source*: http://de.wikipedia.org/w/index.php?title=Datei:Hazard_O.svg *License*: unknown *Contributors*: AJenbo, BLueFiSH.as, Crazy-Chemist, MarianSigler, Matthias M., Phrood, Thuresson, W!B:, 5 anonymous edits

Datei:Hazard T.svg *Source*: http://de.wikipedia.org/w/index.php?title=Datei:Hazard_T.svg *License*: unknown *Contributors*: BLueFiSH.as, Cäsium137, Ies, KES47, MarianSigler, Matthias M., Maxima m, Natr, Phrood, Túrelio, W!B:, 9 anonymous edits

Datei:1,1-Dimethylhydrazin.svg *Source*: http://de.wikipedia.org/w/index.php?title=Datei:1,1-Dimethylhydrazin.svg *License*: unknown *Contributors*: User:NEUROtiker

Datei:GHS-pictogram-flamme.svg *Source*: http://de.wikipedia.org/w/index.php?title=Datei:GHS-pictogram-flamme.svg *License*: unknown *Contributors*: User:DrTorstenHenning

Datei:GHS-pictogram-silhouete.svg *Source*: http://de.wikipedia.org/w/index.php?title=Datei:GHS-pictogram-silhouete.svg *License*: unknown *Contributors*: User:DrTorstenHenning

Datei:GHS-pictogram-pollu.svg *Source*: http://de.wikipedia.org/w/index.php?title=Datei:GHS-pictogram-pollu.svg *License*: unknown *Contributors*: User:DrTorstenHenning

Datei:Hazard F.svg *Source*: http://de.wikipedia.org/w/index.php?title=Datei:Hazard_F.svg *License*: unknown *Contributors*: User:Phrood

Datei:Hazard N.svg *Source*: http://de.wikipedia.org/w/index.php?title=Datei:Hazard_N.svg *License*: unknown *Contributors*: See historic

Datei:Lavoisier.jpg *Source*: http://de.wikipedia.org/w/index.php?title=Datei:Lavoisier.jpg *License*: unknown *Contributors*: David

Datei:Saturnringe.jpg *Source*: http://de.wikipedia.org/w/index.php?title=Datei:Saturnringe.jpg *License*: unknown *Contributors*: NASA/JPL

Datei:Hydrogen discharge tube.jpg *Source*: http://de.wikipedia.org/w/index.php?title=Datei:Hydrogen_discharge_tube.jpg *License*: unknown *Contributors*: User:Alchemist-hp

Datei:Visible spectrum of hydrogen.jpg *Source*: http://de.wikipedia.org/w/index.php?title=Datei:Visible_spectrum_of_hydrogen.jpg *License*: unknown *Contributors*: User:Jan Homann

Datei:Linde-Wasserstofftank.JPG *Source*: http://de.wikipedia.org/w/index.php?title=Datei:Linde-Wasserstofftank.JPG *License*: unknown *Contributors*: User:Claus Ableiter

Datei:HAtomOrbitals.png *Source*: http://de.wikipedia.org/w/index.php?title=Datei:HAtomOrbitals.png *License*: unknown *Contributors*: Admrboltz, Benjah-bmm27, Dbc334, Dbenbenn, Ejdzej, Falcorian, Hongsy, Kborland, MichaelDiederich, Mion, Saperaud, 6 anonymous edits

Datei:Wasserstoff.svg *Source*: http://de.wikipedia.org/w/index.php?title=Datei:Wasserstoff.svg *License*: unknown *Contributors*: User:Ragimiri

Datei:Hydrogen Deuterium Tritium Nuclei Schmatic-de.svg *Source*: http://de.wikipedia.org/w/index.php?title=Datei:Hydrogen_Deuterium_Tritium_Nuclei_Schmatic-de.svg *License*: unknown *Contributors*: Dirk Hünniger

Datei:Ivy Mike (Eniwetok-Atoll - 31. Oktober 1952).jpg *Source*: http://de.wikipedia.org/w/index.php?title=Datei:Ivy_Mike_(Eniwetok-Atoll_-_31._Oktober_1952).jpg *License*: unknown *Contributors*: unknown photographer

Datei:H-Oxide.PNG *Source*: http://de.wikipedia.org/w/index.php?title=Datei:H-Oxide.PNG *License*: unknown *Contributors*: Original uploader was Sentry at de.wikipedia

Datei:Qsicon Exzellent.svg *Source*: http://de.wikipedia.org/w/index.php?title=Datei:Qsicon_Exzellent.svg *License*: unknown *Contributors*: User:Niabot

GNU Free Documentation License Version 1.2, November 2002 Copyright (C) 2000,2001,2002 Free Software Foundation, Inc. 59 Temple Place, Suite 330, Boston, MA 02111-1307 USA Everyone is permitted to copy and distribute verbatim copies of this license document, but changing it is not allowed.

0. PREAMBLE

The purpose of this License is to make a manual, textbook, or other functional and useful document "free" in the sense of freedom: to assure everyone the effective freedom to copy and redistribute it, with or without modifying it, either commercially or noncommercially. Secondarily, this License preserves for the author and publisher a way to get credit for their work, while not being considered responsible for modifications made by others. This License is a kind of "copyleft", which means that derivative works of the document must themselves be free in the same sense. It complements the GNU General Public License, which is a copyleft license designed for free software. We have designed this License in order to use it for manuals for free software, because free software needs free documentation: a free program should come with manuals providing the same freedoms that the software does. But this License is not limited to software manuals; it can be used for any textual work, regardless of subject matter or whether it is published as a printed book. We recommend this License principally for works whose purpose is instruction or reference.

1. APPLICABILITY AND DEFINITIONS

This License applies to any manual or other work, in any medium, that contains a notice placed by the copyright holder saying it can be distributed under the terms of this License. Such a notice grants a world-wide, royalty-free license, unlimited in duration, to use that work under the conditions stated herein. The "Document", below, refers to any such manual or work. Any member of the public is a licensee, and is addressed as "you". You accept the license if you copy, modify or distribute the work in a way requiring permission under copyright law. A "Modified Version" of the Document means any work containing the Document or a portion of it, either copied verbatim, or with modifications and/or translated into another language. A "Secondary Section" is a named appendix or a front-matter section of the Document that deals exclusively with the relationship of the publishers or authors of the Document to the Document's overall subject (or to related matters) and contains nothing that could fall directly within that overall subject. (Thus, if the Document is in part a textbook of mathematics, a Secondary Section may not explain any mathematics.) The relationship could be a matter of historical connection with the subject or with related matters, or of legal, commercial, philosophical, ethical or political position regarding them. The "Invariant Sections" are certain Secondary Sections whose titles are designated, as being those of Invariant Sections, in the notice that says that the Document is released under this License. If a section does not fit the above definition of Secondary then it is not allowed to be designated as Invariant. The Document may contain zero Invariant Sections. If the Document does not identify any Invariant Sections then there are none. The "Cover Texts" are certain short passages of text that are listed, as Front-Cover Texts or Back-Cover Texts, in the notice that says that the Document is released under this License. A Front-Cover Text may be at most 5 words, and a Back-Cover Text may be at most 25 words. A "Transparent" copy of the Document means a machine-readable copy, represented in a format whose specification is available to the general public, that is suitable for revising the document straightforwardly with generic text editors or (for images composed of pixels) generic paint programs or (for drawings) some widely available drawing editor, and that is suitable for input to text formatters or for automatic translation to a variety of formats suitable for input to text formatters. A copy made in an otherwise Transparent file format whose markup, or absence of markup, has been arranged to thwart or discourage subsequent modification by readers is not Transparent. An image format is not Transparent if used for any substantial amount of text. A copy that is not "Transparent" is called "Opaque". Examples of suitable formats for Transparent copies include plain ASCII without markup, Texinfo input format, LaTeX input format, SGML or XML using a publicly available DTD, and standard-conforming simple HTML, PostScript or PDF designed for human modification. Examples of transparent image formats include PNG, XCF and JPG. Opaque formats include proprietary formats that can be read and edited only by proprietary word processors, SGML or XML for which the DTD and/or processing tools are not generally available, and the machine-generated HTML, PostScript or PDF produced by some word processors for output purposes only. The "Title Page" means, for a printed book, the title page itself, plus such following pages as are needed to hold, legibly, the material this License requires to appear in the title page. For works in formats which do not have any title page as such, "Title Page" means the text near the most prominent appearance of the work's title, preceding the beginning of the body of the text. A section "Entitled XYZ" means a named subunit of the Document whose title either is precisely XYZ or contains XYZ in parentheses following text that translates XYZ in another language. (Here XYZ stands for a specific section name mentioned below, such as "Acknowledgements", "Dedications", "Endorsements", or "History".) To "Preserve the Title" of such a section when you modify the Document means that it remains a section "Entitled XYZ" according to this definition. The Document may include Warranty Disclaimers next to the notice which states that this License applies to the Document. These Warranty Disclaimers are considered to be included by reference in this License, but only as regards disclaiming warranties: any other implication that these Warranty Disclaimers may have is void and has no effect on the meaning of this License.

2. VERBATIM COPYING

You may copy and distribute the Document in any medium, either commercially or noncommercially, provided that this License, the copyright notices, and the license notice saying this License applies to the Document are reproduced in all copies, and that you add no other conditions whatsoever to those of this License. You may not use technical measures to obstruct or control the reading or further copying of the copies you make or distribute. However, you may accept compensation in exchange for copies. If you distribute a large enough number of copies you must also follow the conditions in section 3. You may also lend copies, under the same conditions stated above, and you may publicly display copies.

3. COPYING IN QUANTITY

If you publish printed copies (or copies in media that commonly have printed covers) of the Document, numbering more than 100, and the Document's license notice requires Cover Texts, you must enclose the copies in covers that carry, clearly and legibly, all these Cover Texts: Front-Cover Texts on the front cover, and Back-Cover Texts on the back cover. Both covers must also clearly and legibly identify you as the publisher of these copies. The front cover must present the full title with all words of the title equally prominent and visible. You may add other material on the covers in addition. Copying with changes limited to the covers, as long as they preserve the title of the Document and satisfy these conditions, can be treated as verbatim copying in other respects. If the required texts for either cover are too voluminous to fit legibly, you should put the first ones listed (as many as fit reasonably) on the actual cover, and continue the rest onto adjacent pages. If you publish or distribute Opaque copies of the Document numbering more than 100, you must either include a machine-readable Transparent copy along with each Opaque copy, or state in or with each Opaque copy a computer-network location from which the general network-using public has access to download using public-standard network protocols a complete Transparent copy of the Document, free of added material. If you use the latter option, you must take reasonably prudent steps, when you begin distribution of Opaque copies in quantity, to ensure that this Transparent copy will remain thus accessible at the stated location until at least one year after the last time you distribute an Opaque copy (directly or through your agents or retailers) of that edition to the public. It is requested, but not required, that you contact the authors of the Document well before redistributing any large number of copies, to give them a chance to provide you with an updated version of the Document.

4. MODIFICATIONS

You may copy and distribute a Modified Version of the Document under the conditions of sections 2 and 3 above, provided that you release the Modified Version under precisely this License, with the Modified Version filling the role of the Document, thus licensing distribution and modification of the Modified Version to whoever possesses a copy of it. In addition, you must do these things in the Modified Version: A. Use in the Title Page (and on the covers, if any) a title distinct from that of the Document, and from those of previous versions (which should, if there were any, be listed in the History section of the Document). You may use the same title as a previous version if the original publisher of that version gives permission. B. List on the Title Page, as authors, one or more persons or entities responsible for authorship of the modifications in the Modified Version, together with at least five of the principal authors of the Document (all of its principal authors, if it has fewer than five), unless they release you from this requirement. C. State on the Title page the name of the publisher of the Modified Version, as the publisher. D. Preserve all the copyright notices of the Document. E. Add an appropriate copyright notice for your modifications adjacent to the other copyright notices. F. Include, immediately after the copyright notices, a license notice giving the public permission to use the Modified Version under the terms of this License, in the form shown in the Addendum below. G. Preserve in that license notice the full lists of Invariant Sections and required Cover Texts given in the Document's license notice. H. Include an unaltered copy of this License. I. Preserve the section Entitled "History", Preserve its Title, and add to it an item stating at least the title, year, new authors, and publisher of the Modified Version as given on the Title Page. If there is no section Entitled "History" in the Document, create one stating the title, year, authors, and publisher of the Document as given on its Title Page, then add an item describing the Modified Version as stated in the previous sentence. J. Preserve the network location, if any, given in the Document for public access to a Transparent copy of the Document, and likewise the network locations given in the Document for previous versions it was based on. These may be placed in the "History" section. You may omit a network location for a work that was published at least four years before the Document itself, or if the original publisher of the version it refers to gives permission. K. For any section Entitled "Acknowledgements" or "Dedications", Preserve the Title of the section, and preserve in the section all the substance and tone of each of the contributor acknowledgements and/or dedications given therein. L. Preserve all the Invariant Sections of the Document, unaltered in their text and in their titles. Section numbers or the equivalent are not considered part of the section titles. M. Delete any section Entitled "Endorsements". Such a section may not be included in the Modified Version. N. Do not retitle any existing section to be Entitled "Endorsements" or to conflict in title with any Invariant Section. O. Preserve any Warranty Disclaimers. If the Modified Version includes new front-matter sections or appendices that qualify as Secondary Sections and contain no material copied from the Document, you may at your option designate some or all of these sections as invariant. To do this, add their titles to the list of Invariant Sections in the Modified Version's license notice. These titles must be distinct from any other section titles. You may add a section Entitled "Endorsements", provided it contains nothing but endorsements of your Modified Version by various parties--for example, statements of peer review or that the text has been approved by an organization as the authoritative definition of a standard. You may add a passage of up to five words as a Front-Cover Text, and a passage of up to 25 words as a Back-Cover Text, to the end of the list of Cover Texts in the Modified Version. Only one passage of Front-Cover Text and one of Back-Cover Text may be added by (or through arrangements made by) any one entity. If the Document already includes a cover text for the same cover, previously added by you or by arrangement made by the same entity you are acting on behalf of, you may not add another; but you may replace the old one, on explicit permission from the previous publisher that added the old one. The author(s) and publisher(s) of the Document do not by this License give permission to use their names for publicity for or to assert or imply endorsement of any Modified Version.

5. COMBINING DOCUMENTS

You may combine the Document with other documents released under this License, under the terms defined in section 4 above for modified versions, provided that you include in the combination all of the Invariant Sections of all of the original documents, unmodified, and list them all as Invariant Sections of your combined work in its license notice, and that you preserve all their Warranty Disclaimers. The combined work need only contain one copy of this License, and multiple identical Invariant Sections may be replaced with a single copy. If there are multiple Invariant Sections with the same name but different contents, make the title of each such section unique by adding at the end of it, in parentheses, the name of the original author or publisher of that section if known, or else a unique number. Make the same adjustment to the section titles in the list of Invariant Sections in the license notice of the combined work. In the combination, you must combine any sections Entitled "History" in the various original documents, forming one section Entitled "History"; likewise combine any sections Entitled "Acknowledgements", and any sections Entitled "Dedications". You must delete all sections Entitled "Endorsements".

6. COLLECTIONS OF DOCUMENTS

You may make a collection consisting of the Document and other documents released under this License, and replace the individual copies of this License in the various documents with a single copy that is included in the collection, provided that you follow the rules of this License for verbatim copying of each of the documents in all other respects. You may extract a single document from such a collection, and distribute it individually under this License, provided you insert a copy of this License into the extracted document, and follow this License in all other respects regarding verbatim copying of that document.

7. AGGREGATION WITH INDEPENDENT WORKS

A compilation of the Document or its derivatives with other separate and independent documents or works, in or on a volume of a storage or distribution medium, is called an "aggregate" if the copyright resulting from the compilation is not used to limit the legal rights of the compilation's users beyond what the individual works permit. When the Document is included in an aggregate, this License does not apply to the other works in the aggregate which are not themselves derivative works of the Document. If the Cover Text requirement of section 3 is applicable to these copies of the Document, then if the Document is less than one half of the entire aggregate, the Document's Cover Texts may be placed on covers that bracket the Document within the aggregate, or the electronic equivalent of covers if the Document is in electronic form. Otherwise they must appear on printed covers that bracket the whole aggregate.

8. TRANSLATION

Translation is considered a kind of modification, so you may distribute translations of the Document under the terms of section 4. Replacing Invariant Sections with translations requires special permission from their copyright holders, but you may include translations of some or all Invariant Sections in addition to the original versions of these Invariant Sections. You may include a translation of this License, and all the license notices in the Document, and any Warranty Disclaimers, provided that you also include the original English version of this License and the original versions of those notices and disclaimers. In case of a disagreement between the translation and the original version of this License or a notice or disclaimer, the original version will prevail. If a section in the Document is Entitled "Acknowledgements", "Dedications", or "History", the requirement (section 4) to Preserve its Title (section 1) will typically require changing the actual title.

9. TERMINATION

You may not copy, modify, sublicense, or distribute the Document except as expressly provided for under this License. Any other attempt to copy, modify, sublicense or distribute the Document is void, and will automatically terminate your rights under this License. However, parties who have received copies, or rights, from you under this License will not have their licenses terminated so long as such parties remain in full compliance.

10. FUTURE REVISIONS OF THIS LICENSE

The Free Software Foundation may publish new, revised versions of the GNU Free Documentation License from time to time. Such new versions will be similar in spirit to the present version, but may differ in detail to address new problems or concerns. See http://www.gnu.org/copyleft/. Each version of the License is given a distinguishing version number. If the Document specifies that a particular numbered version of this License "or any later version" applies to it, you have the option of following the terms and conditions either of that specified version or of any later version that has been published (not as a draft) by the Free Software Foundation. If the Document does not specify a version number of this License, you may choose any version ever published (not as a draft) by the Free Software Foundation. ADDENDUM: How to use this License for your documents To use this License in a document you have written, include a copy of the License in the document and put the following copyright and license notices just after the title page: Copyright (c) YEAR YOUR NAME. Permission is granted to copy, distribute and/or modify this document under the terms of the GNU Free Documentation License, Version 1.2 or any later version published by the Free Software Foundation; with no Invariant Sections, no Front-Cover Texts, and no Back-Cover Texts. A copy of the license is included in the section entitled "GNU Free Documentation License". If you have Invariant Sections, Front-Cover Texts and Back-Cover Texts, replace the "with...Texts." line with this: with the Invariant Sections being LIST THEIR TITLES, with the Front-Cover Texts being LIST, and with the Back-Cover Texts being LIST. If you have Invariant Sections without Cover Texts, or some other combination of the three, merge those two alternatives to suit the situation. If your document contains nontrivial examples of program code, we recommend releasing these examples in parallel under your choice of free software license, such as the GNU General Public License, to permit their use in free software.

Printed by Books on Demand GmbH, Norderstedt / Germany